Python
神经网络项目实战

[美] 詹姆斯·洛伊（James Loy）著

艾凌风 译

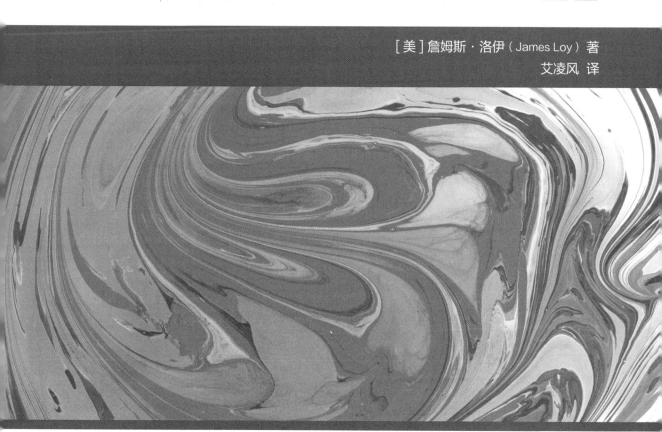

人民邮电出版社
北　京

图书在版编目（CIP）数据

Python神经网络项目实战 ／（美）詹姆斯·洛伊
（James Loy）著；艾凌风译. -- 北京 ：人民邮电出版
社，2022.9
（深度学习系列）
ISBN 978-7-115-54920-4

Ⅰ. ①P… Ⅱ. ①詹… ②艾… Ⅲ. ①人工神经网络－
软件工具－程序设计 Ⅳ. ①TP183

中国版本图书馆CIP数据核字(2020)第181121号

◆ 著　　[美]詹姆斯·洛伊（James Loy）

译　　艾凌风

责任编辑　武晓燕

责任印制　王　郁　焦志炜

◆ 人民邮电出版社出版发行　　北京市丰台区成寿寺路 11 号

邮编　100164　　电子邮件　315@ptpress.com.cn

网址　https://www.ptpress.com.cn

山东华立印务有限公司印刷

◆ 开本：800×1000　1/16

印张：17　　　　　　　　2022 年 9 月第 1 版

字数：275 千字　　　　　2022 年 9 月山东第 1 次印刷

著作权合同登记号　图字：01-2019-8029 号

定价：79.80 元

读者服务热线：**(010)81055410**　印装质量热线：**(010)81055316**
反盗版热线：**(010)81055315**

广告经营许可证：京东市监广登字 20170147 号

内容提要

本书主要讲述了神经网络的重要概念和技术，并展示了如何使用 Python 来解决日常生活中常见的神经网络问题。本书包含了 6 个神经网络相关的项目，分别是糖尿病预测、出租车费用预测、图像分类、图像降噪、情感分析和人脸识别，这 6 个项目均是从头开始实现，且使用了不同的神经网络。在每个项目中，本书首先会提出问题，然后介绍解决该问题需要用到的神经网络架构，并给出选择该神经网络模型的原因，最后会使用 Python 语言从头实现该模型。此外，本书还介绍了机器学习和神经网络的基础知识，以及人工智能未来的发展。

本书需要读者具备一定的 Python 编程知识，适合数据科学家、机器学习从业人员以及对神经网络感兴趣的读者阅读。

致我的夫人阿格尼丝·利姆（Agnes Lim）——我的伙伴、灵魂伴侣和拉拉队长。没有她，这本书是不可能完成的。

——詹姆斯·洛伊（James Loy）

作者简介

詹姆斯·洛伊（James Loy）是一名数据科学家，他在金融和医疗行业有超过 5 年的工作经验。他曾在新加坡最大的银行工作，通过预测性分析驱动创新，同时帮助银行提高客户的忠诚度。他也在医疗部门工作过，在那里他通过数据分析来改善医院做出的决断。他在佐治亚理工大学获得了计算机科学硕士学位，研究方向为机器学习。

他关注的研究领域有深度学习和应用机器学习，还包括为工业自动化系统开发基于计算机视觉的人工智能。他经常在 Towards Data Science 网站上发表文章，这是一个非常著名的机器学习网站，每个月的访问量超过 300 万人次。

审校者简介

迈克·汤普森（Mike Thompson）在过去的 10 年里做过多个领域（数据工程、服务开发以及分布式系统设计）的软件工程师。

他曾就职于著名游戏厂商 Bungie，并负责开发了《命运》系列游戏，包括 2014 年的《命运》和 2017 年的《命运 2》。他对 Bungie 后端数据基础设施的扩展功不可没，这使得成千上万的玩家能够玩《命运》这款游戏。

他现在在 ProbablyMonsters 工作，这是一个初创的游戏工作室。在这里，他专注于数据服务和基础设施，同时也负责一些能够帮助工作室顺利发展的其他必要工作。

前言

机器学习和人工智能（AI）在日常生活中已经变得随处可见了。不论我们在哪儿，不论我们做什么，从某种程度上讲，都会时不时地和人工智能发生关系。而这些 AI 技术正是由神经网络和深度学习所驱动的。得益于神经网络技术，AI 系统现在已经可以在某些领域具有和人类相当的能力了。

本书帮助读者从头构建了 6 个神经网络项目。通过这些项目，你可以构建一些生活中时常可见的 AI 系统，包括人脸识别、情感分析以及医疗诊断。在每个项目中，本书首先会提出问题，随后介绍解决该问题需要用到的神经网络架构，同时给出选择该神经网络模型的原因，然后使用 Python 语言从头实现该系统。

当你读完本书的时候，你已经可以很好地掌握不同的神经网络架构，并通过 Python 语言实现相关的前沿 AI 项目，此举可以迅速增强你的机器学习技术能力。

本书的目标读者

这本书非常适合数据科学家、机器学习工程师以及渴望通过 Python 创建实际神经网络项目的深度学习爱好者阅读。读者需要具备 Python 和机器学习的基础知识以便完成本书的练习。

本书内容

本书共有 8 章，具体如下。

第 1 章，机器学习和神经网络导论，包括了机器学习和神经网络的基础知识。第 1 章的目标是帮助你加强对机器学习和神经网络的理解。为了达到这一目标，本章会使用 Python 从头构建神经网络而不使用任何机器学习库。

第 2 章，基于多层感知器预测糖尿病，本章开始介绍第一个神经网络项目。使用一个基础的神经网络（多层感知机）来构建分类器，然后利用它对患者是否有患糖尿病的风险做出预测。

第 3 章，基于深度前馈网络预测出租车费用，本章将深度前馈神经网络应用到回归问题中。具体来讲，我们会利用神经网络来预测纽约市的出租车费用。

第 4 章，是猫还是狗——使用卷积神经网络进行图像分类，本章使用卷积神经网络（CNN）来解决图像分类问题，即使用 CNN 判断图像中是否有猫或狗。

第 5 章，使用自动编码器进行图像降噪，本章利用自动编码器来实现图像降噪。办公文档的图片中包含了咖啡渍或其他污渍，可以使用自动编码器来移除图像中的污渍从而将文件还原。

第 6 章，使用长短期记忆网络进行情感分析，本章使用长短期记忆网络（Long Short-Term Memory，LSTM）对网上的影评进行情感分析和分类。本章会创建一个可以辨别英文文本中所包含的情感的 LSTM 网络。

第 7 章，基于神经网络实现人脸识别系统，本章利用孪生神经网络（siamese neural network）来构建一个人脸识别系统，该系统可以利用便携式计算机的摄像头识别出我们的脸。

第 8 章，未来是什么样的。本章总结了本书介绍的知识，同时会展望未来，看看机器学习和人工智能在未来几年会发展到什么程度。

如何最大限度地利用本书

你要熟悉基本的 Python 编程技能才能最大限度地利用本书。不过，本书也会一步一步地向你介绍各个项目并且尽可能地向你讲解相关代码。

对于计算机硬件，你需要一台计算机，最低配置为 8GB 内存和 15GB 硬盘（存放数据集）。训练深度神经网络需要强大的计算资源，如果你有一个专用的 GPU 设备，将能极大地提高其训练速度。不过，没有 GPU 也是完全可以运行代码的（比如说用一台便携式计算机）。运行特定代码时如果你没有 GPU 会花费很长时间，此时我们会给出相应的提示，这一点会贯穿全书。

在每一章开始的地方，我们会提示你本章所需的必要的 Python 库。为了简化搭建开发环境的过程，我们准备了一个 environment.yml 文件和代码一起提供给你。environment.yml 文件可以帮助你快速创建虚拟环境，其中包含特定的 Python 版本以及所需的库。通过这种方法，你可以确保你的代码在一个设计好的、标准的虚拟环境中执行。详细的指导会在第 1 章中提供，你可以在 1.2 节中找到，此外在每个章节的开始处也会有相应介绍。

下载示例代码

你可以从 Packt 官方网站下载示例代码文件。如果你在其他地方购买本书，你可以访问 Packt 官网并注册，网站会将文件直接通过邮件发送给你。

可以按照以下步骤下载代码文件。

（1）使用邮箱和密码登录。

（2）单击页面顶部的支持（SUPPORT）标签。

（3）单击代码下载及勘误表（Code Downloads & Errata）。

（4）在搜索（Search）框里输入书名。

（5）选择你想要下载代码文件的图书。

（6）从你付款的地方选择下拉菜单。

（7）单击代码下载（Code Download）。

下载文件后，请确保使用最新版本的软件来解压或提取这些文件夹：

- Windows 上的 WinRAR/7-Zip；

- Mac 上的 Zipeg/iZip/UnRarX；

- Linux 上的 7-Zip/PeaZip。

本书的代码包托管在异步社区（www.epubit.com）对应的图书页面以及 GitHub 上。

下载本书的彩图

我们还提供了一个压缩文件，其中包含本书使用的截图或图表的彩色图像。这些彩色图像可以帮助你更好地了解输出的变化。你可以从异步社区下载该文件。

资源与支持

本书由异步社区出品，社区（https://www.epubit.com）为您提供相关资源和后续服务。

配套资源

本书提供如下资源：
- 本书源代码；
- 本书彩图文件。

要获得以上配套资源，请在异步社区本书页面中单击 配套资源 ，跳转到下载界面，按提示进行操作即可。

提交勘误

作者和编辑尽最大努力来确保书中内容的准确性，但难免会存在疏漏。欢迎您将发现的问题反馈给我们，帮助我们提升图书的质量。

当您发现错误时，请登录异步社区，按书名搜索，进入本书页面，单击"提交勘误"，输入勘误信息，单击"提交"按钮即可（见下图）。本书的作者和编辑会对您提交的勘误进行审核，确认并接受后，您将获赠异步社区的 100 积分。积分可用于在异步社区兑换优惠券、样书或奖品。

扫码关注本书

扫描下方二维码,您将会在异步社区微信服务号中看到本书信息及相关的服务提示。

与我们联系

我们的联系邮箱是 contact@epubit.com.cn。

如果您对本书有任何疑问或建议,请您发邮件给我们,并请在邮件标题中注明本书书名,以便我们更高效地做出反馈。

如果您有兴趣出版图书、录制教学视频,或者参与图书翻译、技术审校等工作,可以发邮件给我们;有意出版图书的作者也可以到异步社区在线投稿(直接访问 www.epubit.com/selfpublish/submission 即可)。

如果您来自学校、培训机构或企业,想批量购买本书或异步社区出版的其他图书,也可以发邮件给我们。

如果您在网上发现有针对异步社区出品图书的各种形式的盗版行为,包括对图书全部或部分内容的非授权传播,请您将怀疑有侵权行为的链接发邮件给我们。您的这一举动是对作者权益的保护,也是我们持续为您提供有价值的内容的动力之源。

关于异步社区和异步图书

"异步社区"是人民邮电出版社旗下 IT 专业图书社区,致力于出版精品 IT 技术图书和相关学习产品,为作译者提供优质出版服务。异步社区创办于 2015 年 8 月,提供大量精品 IT 技术图书和电子书,以及高品质技术文章和视频课程。更多详情请访问异步社区官网 https://www.epubit.com。

"异步图书"是由异步社区编辑团队策划出版的精品 IT 专业图书的品牌,依托于人民邮电出版社近 30 年的计算机图书出版积累和专业编辑团队,相关图书在封面上印有异步图书的 LOGO。异步图书的出版领域包括软件开发、大数据、AI、测试、前端、网络技术等。

异步社区

微信服务号

目录

第 1 章
机器学习和神经网络导论

近些年来，人工智能（AI）非常夺人眼球。从手机上的人脸识别解锁到通过 Alexa 预约一辆优步，AI 在我们的日常生活中已经变得随处可见。不仅如此，我们还常常被告知 AI 的全部实力还没有被发挥出来，而且 AI 将会是我们生活中最大的变革因素。

放眼望去，我们看到的是不断进步的人工智能以及它对改善我们生活的"承诺"。基于 AI 技术，无人驾驶汽车已经从科幻走进现实。无人驾驶汽车意在减少由于人类疏忽造成的交通事故并极大地改善我们的生活。同样，在医疗中使用 AI 技术可以提高治疗效果。值得注意的是，英国国民健康医疗服务体系宣布了一项雄心勃勃的 AI 项目，该项目可用于进行早期癌症的诊断，此举可能挽救无数人的生命。

由于 AI 技术本身的变革性，所以很多专家将其称为第四次工业革命。AI 将成为重塑现代工业的催化剂，人工智能是新世界的必修课。读完本书，你将能够很好地理解人工智能背后的算法，同时利用这些先进的算法开发出真实的项目。

本章包括以下内容：

● 机器学习和人工智能简介；

● 在你的计算机上搭建机器学习开发环境；

● 基于机器学习工作流执行你的机器学习项目；

● 不使用任何机器学习相关的 Python 库，从头实现你自己的神经网络；

- 使用 pandas 进行数据分析；

- 利用 Keras 等机器学习库构建强大的神经网络。

1.1　什么是机器学习

虽然机器学习和人工智能这两个词经常被互换使用，但它们其实并不是完全一样的。人工智能这个词最早出现在 20 世纪 50 年代，它指的是机器模仿人类行为的能力。为此，研究人员和计算机科学家尝试了很多方法。早期，人们主要利用的技术叫作符号人工智能。符号人工智能试图将人类的知识声明为一种计算机可以处理的形式。基于符号，人工智能诞生了专家系统。这种计算机系统可以模拟人类的决策，然而，符号人工智能最大的缺点是它依赖于人类专家的知识，并且为了解决特定的问题，这些规则和认知是被编程的。由于符号人工智能的能力所限，科学家对其越来越不抱有希望，因此人工智能作为一个科学领域，曾经经历过一段时间的低谷（被称为 AI 的冬天）。当符号人工智能在 20 世纪 50 年代占据舞台中心的时候，人工智能的另外一个子领域——机器学习，正在后面悄悄地进步着。

机器学习指的是一类算法，这类算法可以使计算机能够从数据中学习并对未来遇到的未知数据集做出预测。

然而，早期的人工智能研究人员并没有特别关注机器学习，因为那时候的计算机算力不强，同时也没有存储海量数据的能力，而这些正是机器学习算法所必需的。后来人们发现，机器学习不能再被忽视了。21 世纪初，得益于机器学习的发展，人工智能经历了一轮复兴。这轮复兴的关键原因是计算机系统的成熟使其可以收集并存储海量数据（大数据），同时处理器变得足够快，能够运行机器学习算法。人工智能迎来了它的春天。

1.1.1　机器学习算法

既然谈到了什么是机器学习，那么我们需要明白机器学习算法是如何工作的。机器学习算法可以被大致分为两类。

- 有监督学习：通过标记过的训练数据，机器学习算法学习将输入变量映射到目标变量的规则。例如，某监督学习算法学习预测是否会有降雨（目标变量），它的输入是温度、时间、季节大气压（输入变量）等。

- 无监督学习：使用未经标记的训练数据，机器学习算法学习数据的关联规则。无监督学习最常见的使用案例是聚类分析。在聚类分析中，机器学习算法识别数据中隐藏的模式和类别，而此数据并没有事先被明确标记过。

在本书中，我们专注于有监督学习算法。举一个有监督学习的具体例子，请考虑如下问题。你是一个动物爱好者，同时也是一个机器学习爱好者，因此你希望创建一个有监督机器学习算法来判断一个动物是友善的（友善的小狗）还是具有敌意的（危险的熊）。为了简化问题，假设你收集了各品种的狗和熊的两种测量特征——体重和速度。数据（训练数据集）收集完成后，你将数据绘制在图表中，同时标记每个动物是敌是友，如图 1-1 所示。

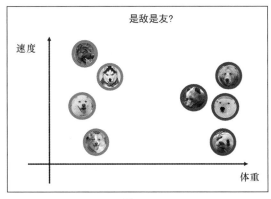

图 1-1

结果很明显，我们发现狗的体重较轻，速度一般也较快。而熊则更重一些，速度也更慢一些。如果我们在狗和熊之间画一条线（即决策边界），那么我们可以利用这条线进行预测，如图 1-2 所示。一旦我们得到了某个新的动物的测量数据，就可以通过观察它落在这条线的左侧还是右侧来进行预测。落在左侧则是友善的，落在右侧则是有敌意的。但是这个数据集的维度很少。如果可以收集成百上千的不同的测量维度呢？这样的话，图表可能会有 100 多维，通过人工的方式很难画出这条决策边界。不过，对于机器学习来说，这并不是什么难题，机器学习算法的任务就是优化决策边界并以此分割数据集。在理想的情况下，我们希望算法能够生成一条决策边界，完美地分割数据集中的两类数据（尽管，取决于不同的数据集，这件事并不总能成功）。

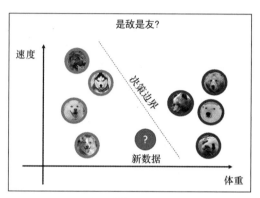

图 1-2

有了这条决策边界，我们可以对新的未经标记的数据进行预测。如果新数据落在决策边界的左侧，我们将其归类为友善的动物；反之，如果新数据落在决策边界的右侧，我们将其归类为有敌意的动物。

对于上面这个简单的例子，我们仅接收两个输入变量并将数据分为两组。我们可以把这个问题泛化，有多个输入并分为多个种类。

当然，我们对于机器学习算法的选择会影响生成的决策边界。一些流行的有监督机器学习包括如下几种：

- 神经网络（neural network）；

- 线性回归（linear regression）；

- 对数概率回归（logistic regression）；

- 支持向量机（SVM）；

- 决策树（decision tree）。

数据集的属性（例如图像数据集和数值数据集）和要解决的问题决定了我们所选的

机器学习算法。在本书中，我们专注于神经网络。

1.1.2 机器学习工作流

我们已经探讨了什么是机器学习。但是要如何开始机器学习呢？从宏观的角度来看，机器学习项目就是将原始数据作为输入并做出预测然后输出。在达到这一目的之前，还有很多中间步骤需要完成。机器学习工作流可以用图 1-3 来概括。

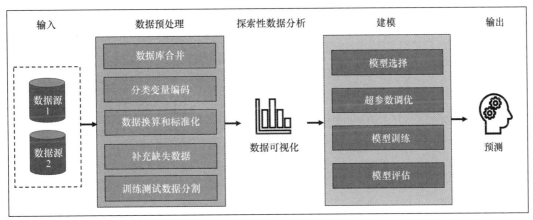

图 1-3

机器学习工作流的输入始终是数据。数据可以有不同的来源，格式也可以不同。例如，如果我们在做一个基于计算机视觉的项目，它的输入可能是图像。对于其他大多数的机器学习项目，数据会以表格的形式呈现，类似电子表格。对于某些项目而言，收集数据是非常重要的第一个步骤。在本书中，假设所有的数据已经提供，我们可以专注于机器学习。

下一步是处理数据。原始数据通常非常杂乱、易错并且可能不适合我们选择的机器学习算法。如果数据有多个来源，我们还需要将多个数据集合并为一个数据集。机器学习模型为了进行学习，通常需要一个数值化的数据集。如果原始数据集中有多个类别变量（例如性别、国家、星期等），则需要对这些变量进行数值编码。我们会在本章后面的部分学习如何去做。对于特定的机器学习算法，数据换算和标准化也是必要的。这么做的逻辑是，如果某些变量的范围远大于另外一些变量，那么机器学习算法会错误地重点关注这些变量。

现实中的数据集往往非常杂乱，你会发现有些数据集是不完整的，同时行或列中有些数据是缺失的。处理缺失数据有相应的方法，每种方法都有它的优点和缺点。最简单的方法是丢弃含有缺失数据的行或列。但是这个方法可能并不适用于所有情况，因为这样做的话最后可能数据集的一大部分都被丢弃了。我们也可以用变量的均值来替换这些丢失的数据（如果变量恰巧是数值形式的话）。这个方法更加理想，因为它保护了我们的数据集。但是，使用均值来替换缺失数据会影响到数据集的分布，这可能会对我们的机器学习模型产生负面的影响。另外一个办法是基于存在的数据来预测缺失的数据。但是使用这个方法的时候要小心，因为这样会增加数据集的误差。

最后是数据预处理，我们必须将数据集分成训练数据集和验证数据集两部分。我们的机器学习模型仅仅利用训练数据集来训练和拟合。当我们对模型的性能感到满意之后，我们会通过训练数据集来评估模型。注意我们的模型不曾利用测试数据集训练过，这就保证了我们对模型性能的评估是不含偏差的，这样能够反映模型在真实项目上的表现。

当数据处理完成之后，我们会进行探索性数据分析（EDA），EDA 是一个利用数据可视化来洞察数据的过程。EDA 允许我们创建新的特征（成为特征工程）并且将领域知识加到机器学习模型中。

最后，我们来到了机器学习的核心部分。在数据处理和探索性数据分析完成后，我们开始建模。正如之前提到的，有一些机器学习算法可供我们选择，并且我们要基于所要解决的问题的特点来选择机器学习算法。在本书中，我们专注于神经网络。在建模过程中，超参数的调优是一个必要的步骤，合适的超参数可以明显提高模型的性能。在后面的章节中，我们会探索神经网络的一些超参数。一旦模型训练完成，我们便可以利用测试数据集对模型的性能进行评估。

可以看到机器学习工作流包含了很多中间步骤，每个步骤都会对模型的整体性能产生影响。使用 Python 进行机器学习最大的优势在于机器学习工作的全部流程都可以通过利用一些开源的 Python 函数库来完成。在本书中，我们可以学到 Python 在机器学习工作流的每一步中的相应经验，因为我们会利用 Python 从头开始构建一个完整且复杂的神经网络项目。

1.2 在你的计算机上配置机器学习环境

在深入学习神经网络和机器学习之前，请确保你已经在你的计算机上配置了正确的机器学习环境，这样你才能顺利地运行书中的代码。在本书中，我们会使用 Python 语言完成多个神经网络项目。除了 Python 本身，我们还需要一些 Python 库，例如 Keras、pandas、NumPy 等。安装 Python 和库的方法有很多，但是最简便的是使用 Anaconda。

Anaconda 是一个免费且开源的 Python 及其函数库的发行版。Anaconda 提供了易用的包管理工具，利用这个包管理工具你可以方便地安装 Python 以及我们需要的全部函数库。安装 Anaconda 很简单，请访问 Anaconda 官网并下载安装包（选择 Python 3.x 安装包）。

除了 Anaconda，我们还需要 Git。Git 对于机器学习和软件工程来说是必要的工具。Git 可以帮助我们从 GitHub 上方便地下载代码，GitHub 是世界上使用非常广泛的代码托管平台。你可以根据你的操作系统下载对应的安装包并进行安装。

Anaconda 和 Git 安装完成之后，我们就可以下载本书的示例代码了。本书中的代码都可以在我们的 GitHub 代码仓库或异步社区中找到。

如果要下载代码，请在命令行（如果你使用 macOS/Linux 系统，请使用终端工具；如果你使用 Windows 系统，请使用 Anaconda Command Prompt）中使用 `git clone` 命令将托管在 GitHub 上的代码仓库 PacktPublishing/Neural-Network-Projects-with-Python 下载到本地。

这一步完成之后，执行下面的命令来进入你刚才下载的文件夹：

```
$ cd Neural-Network-Projects-with-Python
```

在该文件夹目录下，你会找到一个名为 `environment.yml` 的文件。通过这个文件，我们可以把 Python 以及所需的全部函数库安装到虚拟环境中。你可以把虚拟环境看作一个隔离的沙盒环境，在那里可以安装全新的 Python 和所需的全部函数库。environment.yml 文件包含了一系列指令用于控制 Anaconda 把特定版本的函数库安装到虚拟环境中。这么做保证了 Python 代码可以在设计好的标准环境中执行。

通过 Anaconda 和 environment.yml 文件来下载函数库，只需要执行下列命令：

```
$ conda env create -f environment.yml
```

这样，Anaconda 就会把需要的软件包都安装到 neural-network-projects-python 虚拟环境中。进入这个虚拟环境需要执行下面的命令：

```
$ conda activate neural-network-projects-python
```

就是这样！我们现在已经进入了一个安装有所需的全部依赖软件包的虚拟环境。在这个环境中执行 Python 文件，你需要执行类似于下面的命令：

```
$ python Chapter01\keras_chapter1.py
```

如果要退出虚拟环境，可以执行下面的命令：

```
$ conda deactivate
```

需要注意的是，当你要执行任何我们提供的 Python 代码时，都需要先进入虚拟环境（通过执行 conda activate neural-network-projects-python）。

现在，开发环境已经配置完成，话题重新回到神经网络。我们将要探索神经网络背后的理论知识以及如何使用 Python 从头构建一个神经网络。

1.3　神经网络

神经网络是一类机器学习算法，该算法受到了人类大脑中神经元的启发。不过，我们没必要将其完全类比于人类大脑，我发现把神经网络用数学方程描述为将给定输入映射到期望输出，理解起来会更简单。为了理解上述问题，让我们看看单层神经网络是什么样的（单层神经网络也被称为感知器）。

感知器（perceptron）如图 1-4 所示。

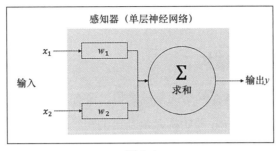

图 1-4

它的核心就是一个数学函数，接收一组输入，然后进行某种数学运算，然后将计算结果输出。

$$y=\sum(w_i * x_i)$$

w_i 指的是感知器的权重。我们会在后面的章节中介绍神经网络中的权重。目前我们只需要知道神经网络就是一些简单的数学函数，它们将给定的输入映射为期望的输出。

1.3.1 为什么要使用神经网络

在开始编写神经网络之前，有必要了解一下神经网络算法能够在机器学习和人工智能领域具有举足轻重的地位的原因。

第一个原因，神经网络是一种通用函数逼近器（universal function approximator）。这句话的意思是，给定任意我们希望建模的函数，不论该函数多么复杂，神经网络总是能够表示该函数。这一特性对神经网络和人工智能具有深远的影响。假设现实中的任何问题都可以被数学函数所表示（不论其多么复杂），那么我们都可以用神经网络来表示该函数，从而有效地对现实世界的问题进行建模。需要补充一点的是，尽管科学家们已经证明了神经网络的通用性，但是一个超大且复杂的神经网络可能永远都无法完成训练及泛化。

第二个原因，神经网络结构的可扩展性非常好而且很灵活。在后续章节中会看到，我们可以将神经网络堆叠起来，以此来增加神经网络的复杂性。更有趣的可能是，神经网络的能力仅仅局限于我们的想象力。通过富有创造性的神经网络结构设计，机器学习工程师已经学会了如何利用神经网络预测时间序列数据（这个模型被称为 RNN），它被应用于语音识别等领域。最近几年，科学家还展示了通过让两个神经网络在竞赛中互相对抗[称为生成对抗网络（generative adversarial network，GAN）]，来生成人眼无法辨别的写实图像。

1.3.2　神经网络基础结构

在本节中，我们会研究神经网络的基础结构，所有复杂的神经网络都是基于此构建的。同时，我们也会使用 Python 开始构建最基础的神经网络（不使用任何机器学习函数库）。这一练习会帮助我们理解神经网络的内部工作原理。

神经网络包含如下组成部分：

- 一个输入层 x；
- 一定数量的隐藏层；
- 一个输出层 $\hat{y}$；
- 每一层之间包含权重 W 和偏差 b；
- 为每个隐藏层所选择的激活函数 σ。

图 1-5 所示的为一个两层神经网络的结构（注意，在统计神经网络层数的时候，输入层通常不被计算在内）。

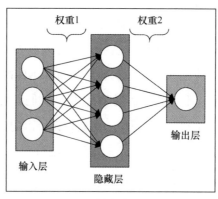

图 1-5

1.3.3　使用 Python 从头开始训练一个神经网络

现在我们已经了解了神经网络的基本结构，让我们使用 Python 从头创建一个神经网络吧！

首先，在 Python 中创建一个神经网络的类：

```python
import numpy as np

class NeuralNetwork:
    def__ init__(self, x, y):
        self.input    = x
        self.weights1 = np.random.rand(self.input.shape[1],4)
        self.weights2 = np.random.rand(4,1)
        self.y        = y
        self.output = np.zeros(self.y.shape)
```

> ℹ️ 注意前述代码，权重（`self.weights1` 和 `self.weights2`）被初始化为一个包含随机数的 NumPy 数组。NumPy 数组被用来表示 Python 中的多维数组。上述代码中权重的维度是通过 `np.random.rand` 函数的参数来设定的。基于输入的维度，使用变量（`self.input.shape[1]`）创建了对应维度的数组。

一个简单的两层神经网络的输出：$\hat{y}$，表述为如下形式：

$$\hat{y}=\sigma[W_2\sigma(W_1x+b_1)+b_2]$$

你也许注意到了，在上述公式中，权重 W 以及偏差 b 是影响输出 $\hat{y}$ 的唯一变量。

因此，正确的权重和偏差决定了预测的强度。对权重和偏差进行调优的过程被称为神经网络的训练。

迭代训练神经网络的每一个循环都包括以下步骤：

1. 计算预测输出 $\hat{y}$，被称为前馈（feedforward）；

2. 更新权重和偏差，被称为反向传播（backpropagation）。

图 1-6 对该步骤做出了解释。

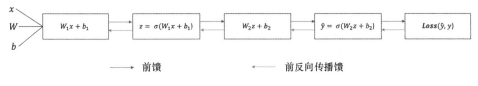

图 1-6

1. 前馈

在图 1-6 中我们可以看到，前馈就是简单的计算。而对于一个基础的两层神经网络来说，网络的输出可以用下列公式表示：

$$\hat{y}=\sigma[W_2\sigma(W_1x+b_1)+b_2]$$

下面，在 Python 代码中增加一个 `feedforward` 函数来完成上述功能。注意，为了降低难度，我们假设偏差为 0：

```python
import numpy as np

def sigmoid(x):
    return 1.0/(1 + np.exp(-x))

class NeuralNetwork:
    def__init__(self, x, y):
        self.input    = x
        self.weights1 = np.random.rand(self.input.shape[1],4)
        self.weights2 = np.random.rand(4,1)
        self.y        = y
        self.output   = np.zeros(self.y.shape)

    def feedforward(self):
        self.layer1 = sigmoid(np.dot(self.input, self.weights1))
        self.output = sigmoid(np.dot(self.layer1, self.weights2))
```

然而，我们还需要找到一种方法来评估预测的准确率（预测偏差有多大）。损失函数（loss function）可以帮助我们完成这个工作。

2. 损失函数

损失函数有很多种，它的选择需要根据待解决问题的本质来决定。就目前来讲，我们选择一个平方和误差（Sum-of-Squares Error）作为损失函数：

$$\text{Sum-of-Squares Error}=\sum_{i=1}^{n}(y-\hat{y})^2$$

平方和误差就是对实际值和预测值之间的差值求和，不过我们对其进行了平方运算，因此计算结果是其绝对差值。

我们的目标是训练神经网络并找到能使得损失函数最小化的最优权重和偏差。

3．反向传播

现在已经计算出了预测结果的误差（损失），我们需要找到一种方法将误差在网络中反向传导以便更新权重和偏差。

为了找到合适的权重及偏差矫正量，我们需要知道损失函数关于权重及偏差的导数。

回忆一下微积分知识，一个函数的导数就是该函数的斜率，如图 1-7 所示。

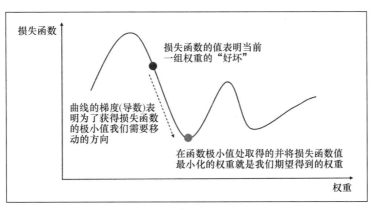

图 1-7

如果得到了导数，我们就可以根据导数，通过增加导数值或减少导数值的方式来调节权重和偏差（如图 1-7 所示)。这种方法称为梯度下降法（gradient descent）。

然而，我们不能直接求损失函数关于权重和偏差的导数，因为损失函数中并不包含它们。我们需要利用链式法则（chain rule）进行计算。就目前阶段来讲，我们不会深究链式法则，因为其背后的数学原理相当复杂。而且，像 Keras 等机器学习库会帮我们完成梯度下降计算而不需要从头编写链式法则。

我们需要理解的关键点是，一旦我们得到了损失函数关于权重的导数（斜率），我们便可以依此相应地调整权重。

现在，向代码添加 `backprop` 函数：

```
import numpy as np
```

```python
def sigmoid(x):
    return 1.0/(1 + np.exp(-x))

def sigmoid_derivative(x):
    return x * (1.0 - x)

class NeuralNetwork:
    def __init__(self, x, y):
        self.input    = x
        self.weights1 = np.random.rand(self.input.shape[1],4)
        self.weights2 = np.random.rand(4,1)
        self.y        = y
        self.output   = np.zeros(self.y.shape)

    def feedforward(self):
        self.layer1 = sigmoid(np.dot(self.input, self.weights1))
        self.output = sigmoid(np.dot(self.layer1, self.weights2))

    def backprop(self):
        # 使用链式法则来找到损失函数关于weights2和weights1的导数
        d_weights2 = np.dot(self.layer1.T, (2*(self.y - self.output) *
         sigmoid_derivative(self.output)))
        d_weights1 = np.dot(self.input.T, (np.dot(2*(self.y - self.output)
         * sigmoid_derivative(self.output), self.weights2.T) * sigmoid_
         derivative(self.layer1)))

        self.weights1 += d_weights1
        self.weights2 += d_weights2

if __name__ == "__main__":
    X = np.array([[0,0,1],
                  [0,1,1],
                  [1,0,1],
                  [1,1,1]])
    y = np.array([[0],[1],[1],[0]])
    nn = NeuralNetwork(X,y)

    for i in range(1500):
        nn.feedforward()
        nn.backprop()

    print(nn.output)
```

注意上述代码,我们在 feedforward 函数中使用了一个 sigmoid 函数。sigmoid 函数是一种激活函数,它将函数值压缩到 0~1。这一特性很重要,因为对于二元预测问题,我们需要预测结果位于 0~1。我们将在第 2 章中详细探讨 sigmoid 激活函数。

1.3.4 综合应用

现在我们已经完成了具有前馈和反向传播功能的 Python 代码,让我们在以下案例中应用该神经网络,看看它效果如何。

表 1-1 包括了 4 个数据点,每个点包括 3 个输入变量(x_1、x_2 和 x_3)和一个目标变量(Y)。

表 1-1

x_1	x_2	x_3	Y
0	0	1	0
0	1	1	1
1	0	1	1
1	1	1	0

我们的神经网络需要学习到能够表示该函数的最理想权重。注意,如果我们想要通过观察的方式来确定这一组权重,可不是什么容易的事。

迭代训练神经网络 1500 次,看看发生了什么。如图 1-8 所示,从损失-迭代次数图可以清晰地看出,损失是单调递减到最小值的。这和我们之前讨论的梯度下降算法的描述是一致的。

让我们看一下神经网络经过 1500 次迭代训练后最终的预测(输出)结果,如表 1-2 所示。

表 1-2

预测值	Y(实际值)
0.023	0
0.979	1
0.975	1
0.025	0

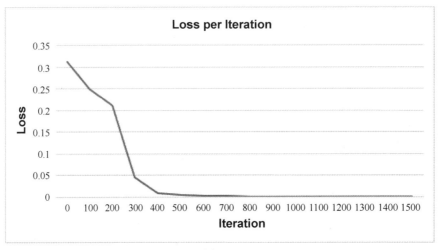

图 1-8

成功了！我们的前馈和反向传播算法成功地训练了神经网络且预测值向真实值收敛。

注意预测值和真实值之间存在的微小差异。这是我们期望发生的，它可以防止模型的过拟合（overfitting）并使其能够更好地泛化以便处理新的数据。

现在已经知道了神经网络的内部原理，接下来会介绍 Python 的机器学习函数库，这些函数库在后续的章节中都会用到。如果你感到从头创建一个神经网络非常困难，请不必担心。在本书的后续部分，我们会使用机器学习库来极大地简化神经网络的构建和训练过程。

1.3.5　深度学习和神经网络

深度学习是什么？它和神经网络有什么区别？简单来讲，深度学习是一种机器学习算法，它使用多层神经网络进行学习（也被称为深网）。如果我们将一个单层感知器看作最简单的神经网络，那么深度神经网络则走向了复杂性的一个极端。

在深度神经网络（DNN）中，每一层学习到的信息的复杂度是不断增加的。例如，当训练一个用于进行面部识别的深度神经网络时，第一层用于检测脸部的轮廓，然后是识别轮廓（例如眼睛）的层，直到最后完成全部的脸部特征识别。

尽管感知器在 20 世纪 50 年代就产生了，但是深度学习一直到近几年才开始蓬勃发展。深度学习在过去一个世纪发展相对比较缓慢，很大程度上是由于缺少数据以及相应的计算能力。然而，在过去的几年中，深度学习成为了驱动机器学习的关键技术。今天，深度学习已经成为图像识别、自动驾驶、语音识别和游戏领域的首选算法。那么，过去几年究竟发生了什么呢？

近些年来，用于存储深度学习所需的海量数据的计算机存储设备变得经济实惠。如果你将数据存放在云端，存储数据的费用还可以变得更便宜，而且可以被世界各地的计算机集群访问。除了拥有能够消费得起的数据存储服务之外，数据也变得更加平民化。例如像 ImageNet 这样的网站，它们向机器学习研究人员提供了 1400 万张图像。数据已经不再是少数人才能拥有的商品了。

深度学习所需的计算能力同样变得更便宜也更强大。大多数的深度学习项目受益于图形处理单元（GPU），它非常擅长满足深度神经网络的计算需求。继续刚才关于平民化的话题，现在很多网站给深度学习爱好者提供免费的 GPU 处理资源。举例来说，Google Colab 提供免费的 Tesla K80 GPU 云服务用于深度学习，每个人都可以使用。

基于这些近期的技术发展，深度学习已经成为了人人都能使用的技术。在后面的章节中，我们会介绍一些你将会用到的 Python 深度学习函数库。

1.4 pandas——强大的 Python 数据分析工具

在数据分析领域，pandas 可能是应用最为广泛的库。pandas 基于强大的 NumPy 库构建，它提供了快速且灵活的数据结构，可以用来处理现实世界中的数据集。原始数据通常用表格形式呈现并通过 .csv 格式文件进行分享。pandas 为导入 .csv 文件提供了便捷的接口并用一种名为 DataFrame 的数据结构进行存储，这使得在 Python 中操作数据变得非常轻松。

1.4.1 pandas DataFrame

pandas DataFrame 是一个二维数据结构，你可以把它看作 Excel 的单元格。DataFrame 使你能够通过简单的指令导入 .csv 文件：

```
import pandas as pd
df = pd.read_csv("raw_data.csv")
```

数据导入为 DataFrame 类型之后，我们便可以轻易地对其进行数据分析。我们将通过鸢尾属植物数据集（Iris flower Data Set）来讲解。鸢尾属植物数据集是一个很常用的数据集，它包含了几类鸢尾属植物的测量数据（萼片的长度和宽度，花瓣的长度和宽度）。首先，让我们导入加州大学欧文分校（UCI）免费提供的数据集。注意，pandas 可以直接从 URL 导入数据集：

```
URL = \
'*****://archive.ics.uci.edu/ml/machine-learning-databases/iris/iris.data'
df = pd.read_csv(URL, names = ['sepal_length', 'sepal_width',
                               'petal_length', 'petal_width', 'class'])
```

现在数据已经存入 DataFrame，我们可以很方便地操作数据了。然后来获取数据集的汇总信息，因为了解即将要操作的数据集是很重要的。

```
print(df.info())
```

代码的执行结果如图 1-9 所示。

```
<class 'pandas.core.frame.DataFrame'>
RangeIndex: 150 entries, 0 to 149
Data columns (total 5 columns):
sepal_length     150 non-null float64
sepal_width      150 non-null float64
petal_length     150 non-null float64
petal_width      150 non-null float64
class            150 non-null object
dtypes: float64(4), object(1)
memory usage: 5.9+ KB
```

图 1-9

数据集有 150 行，每一行有 5 列，其中有 4 列是数值形式的信息，包括 sepal_length、sepal_width、petal_length 和 petal_width。另外还有一列包含了非数值形式的信息，表示花的种类。

我们可以通过调用 describe 函数快速获取 4 个数值列的统计信息：

```
print(df.describe())
```

输出结果如图 1-10 所示。

	sepal_length	sepal_width	petal_length	petal_width
count	150.000000	150.000000	150.000000	150.000000
mean	5.843333	3.054000	3.758667	1.198667
std	0.828066	0.433594	1.764420	0.763161
min	4.300000	2.000000	1.000000	0.100000
25%	5.100000	2.800000	1.600000	0.300000
50%	5.800000	3.000000	4.350000	1.300000
75%	6.400000	3.300000	5.100000	1.800000
max	7.900000	4.400000	6.900000	2.500000

图 1-10

下一步让我们看看表中前 10 行的数据：

```
print(df.head(10))
```

输出结果如图 1-11 所示。

	sepal_length	sepal_width	petal_length	petal_width	class
0	5.1	3.5	1.4	0.2	Iris-setosa
1	4.9	3.0	1.4	0.2	Iris-setosa
2	4.7	3.2	1.3	0.2	Iris-setosa
3	4.6	3.1	1.5	0.2	Iris-setosa
4	5.0	3.6	1.4	0.2	Iris-setosa
5	5.4	3.9	1.7	0.4	Iris-setosa
6	4.6	3.4	1.4	0.3	Iris-setosa
7	5.0	3.4	1.5	0.2	Iris-setosa
8	4.4	2.9	1.4	0.2	Iris-setosa
9	4.9	3.1	1.5	0.1	Iris-setosa

图 1-11

很简单，对吧？pandas 同样可以帮助我们轻松地进行数据清洗。例如，下面的操作可以过滤并筛选 sepal_length 大于 5.0 的行：

```
df2 = df.loc[df['sepal_length'] > 5.0, ]
```

输出结果如图 1-12 所示。

	sepal_length	sepal_width	petal_length	petal_width	class
0	5.1	3.5	1.4	0.2	Iris-setosa
5	5.4	3.9	1.7	0.4	Iris-setosa
10	5.4	3.7	1.5	0.2	Iris-setosa
14	5.8	4.0	1.2	0.2	Iris-setosa
15	5.7	4.4	1.5	0.4	Iris-setosa
16	5.4	3.9	1.3	0.4	Iris-setosa
17	5.1	3.5	1.4	0.3	Iris-setosa
18	5.7	3.8	1.7	0.3	Iris-setosa
19	5.1	3.8	1.5	0.3	Iris-setosa
20	5.4	3.4	1.7	0.2	Iris-setosa

图 1-12

通过 loc 命令我们可以获取一组行和列中的数据。

1.4.2　pandas 中的数据可视化

探索性数据分析（EDA）也许可以称得上是机器学习工作流里最重要的一个步骤了，pandas 使我们可以非常轻松地利用 Python 进行数据可视化。pandas 提供了基于 matplotlib 的高级应用程序接口（API），这使得利用 DataFrame 数据绘制图表变得非常容易。

举个例子，可以通过对鸢尾属植物数据集进行可视化来揭示一些重要的信息。首先绘制散点图观察 sepal_width 和 sepal_length 的关系。我们可以通过 DataFrame.plot.scatter() 方法轻松创建散点图，这个方法是所有 DataFrame 的内建方法。

```
# 为不同的类别定义不同的散点图图标
import matplotlib.pyplot as plt
marker_shapes = ['.', '^', '*']

# 然后绘制散点图
ax = plt.axes()
for i, species in enumerate(df['class'].unique()):
    species_data = df[df['class'] == species]
    species_data.plot.scatter(x='sepal_length', y='sepal_width',marker=
                                marker_shapes[i],s=100,title="Sepal Width
```

```
                                          vs Length by Species",label=species,
                                          figsize=(10,7), ax=ax)
```

输出的散点图如图 1-13 所示。

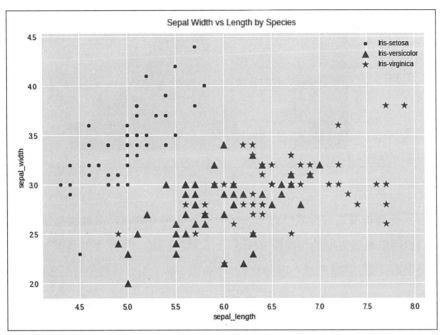

图 1-13

从散点图中我们可以洞察出一些有趣的信息。首先，sepal_width 和 sepal_length 的关系和种类相关。Setosa（点）的 sepal_width 和 sepal_length 差不多是线性关系。相对于 Setosa 而言，versicolor（三角）和 virginica（星号）的 sepal_length 要大得多。如果我们要设计一个机器学习算法来预测花的种类，那么 sepal_width 和 sepal_length 是模型需要包含的一组重要特征。

然后，画出直方图看看分布情况。和散点图一样，pandas DataFrame 提供了内建的方法用于绘制直方图，使用 DataFrame.plot.hist 函数：

```
df['petal_length'].plot.hist(title='Histogram of Petal Length')
```

输出结果如图 1-14 所示。

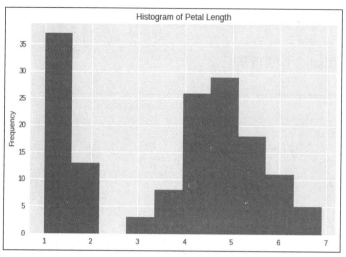

图 1-14

可以看到花瓣长度是一种双峰分布。相对于其他类型的花，某种类型的花的花瓣长度更短。同样也可以画出数据的箱线图（boxplot)。箱线图是一种重要的数据可视化工具，数据科学家使用箱线图，并基于第一四分位数、中位数、第三四分位数来理解数据的分布情况：

```
df.plot.box(title='Boxplot of Sepal Length & Width, and Petal Length &
Width')
```

输出结果如图 1-15 所示。

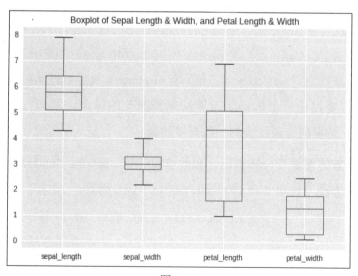

图 1-15

从箱线图我们可以看出 `sepal_width` 的方差远小于其他变量，而 `petal_length` 则有着最大的方差。

使用 pandas 直接进行数据可视化是如此得简单方便。请记住，探索性数据分析在机器学习工作流中是至关重要的一步，在本书的其他项目中，我们都会对其进行探索性数据分析。

1.4.3 使用 pandas 进行数据预处理

最后，让我们看看如何使用 pandas 进行数据预处理，尤其是如何对类别变量进行编码以及填补缺失值。

1. 编码类别变量

在机器学习项目中，数据集含有类别变量是很常见的情况。以下是一些类别变量的例子。

- 性别：男性、女性。

- 日期：星期一、星期二、星期三、星期四、星期五、星期六、星期日。

- 国家：美国、英国、中国、日本。

机器学习算法（例如神经网络）是无法处理类别变量的，因为它只接收数值变量。为此我们需要在将类别变量输入机器学习算法前对其进行预处理。

将类别变量转化为数值变量的一个常用方法是独热编码（One-hot encoding)，可在 pandas 中通过 `get_dummies` 函数实现。独热编码将 n 个类别变量转换为 n 个二元特征。案例如图 1-16 所示。

图 1-16

从本质上看，转换后的特征是二元特征，如果表示原本的特征则置为 1，否则置为 0。可以想象，如果为此手动编写代码会很麻烦。幸运的是，pandas 提供一个便捷的函数帮你处理这件事。首先，让我们使用图 1-16 中的数据在 pandas 中创建一个 DataFrame：

```
df2 = pd.DataFrame({'Day': ['Monday','Tuesday','Wednesday',
                            'Thursday','Friday','Saturday',
                            'Sunday']})
```

输出如图 1-17 所示。

在 pandas 中对原始数据的分类特征进行独热编码，只需要调用下面的函数：

```
print(pd.get_dummies(df2))
```

输入如图 1-18 所示。

	Day
0	Monday
1	Tuesday
2	Wednesday
3	Thursday
4	Friday
5	Saturday
6	Sunday

图 1-17

	Day_Friday	Day_Monday	Day_Saturday	Day_Sunday	Day_Thursday	Day_Tuesday	Day_Wednesday
0	0	1	0	0	0	0	0
1	0	0	0	0	0	1	0
2	0	0	0	0	0	0	1
3	0	0	0	0	1	0	0
4	1	0	0	0	0	0	0
5	0	0	1	0	0	0	0
6	0	0	0	1	0	0	0

图 1-18

2. 填充缺失数据

正如前面所探讨的，填充缺失数据是机器学习工作流中的必要步骤。真实世界的数据集非常杂乱而且通常包含缺失的数据。大多数的机器学习模型，例如神经网络遇到缺失数据是不能工作的，因此我们必须在将数据传入模型之前对其进行预处理。pandas 使得处理缺失数据变得非常容易。

我们会使用前面提到的鸢尾属植物数据集来讲解如何填充缺失数据。鸢尾属植物数据集中原本并没有缺失数据，为了这个练习，我们故意删掉其中一些数据。下面的代码会在数据集中随机选择 10 行数据并删除其中的 sepal_length 值：

```
import numpy as np
import pandas as pd
```

```
# 导入 iris 数据集
URL = \
'*****://archive.ics.uci.edu/ml/machine-learning-databases/iris/iris.data'
df = pd.read_csv(URL, names = ['sepal_length', 'sepal_width',
                               'petal_length', 'petal_width', 'class'])

# 随机选择 10 行
random_index = np.random.choice(df.index, replace= False, size=10)

# 将这些列中的 sepal_length 设置为 None
df.loc[random_index,'sepal_length'] = None
```

让我们使用修改后的数据集，看看应该如何处理缺失的数据。首先，查看有哪些缺失的数据：

```
print(df.isnull().any())
```

print 函数的输出结果如图 1-19 所示。

果不其然，pandas 告诉我们 sepal_length 中有缺失的数据。这个命令对找到数据集中的缺失数据很有用。

处理缺失数据的一个办法是把它们所在的行直接移除。pandas 提供了一个非常方便的函数 dropna 来完成这个操作：

```
print("Number of rows before deleting: %d" % (df.shape[0]))
df2 = df.dropna()
print("Number of rows after deleting: %d" % (df2.shape[0]))
```

输出结果如图 1-20 所示。

```
sepal_length    True
sepal_width     False
petal_length    False
petal_width     False
class           False
dtype: bool
```

图 1-19

```
Number of rows before deleting: 150
Number of rows after  deleting: 140
```

图 1-20

另外一个方法是将缺失的 sepal_length 用其他 sepal_length 的均值代替：

```
df.sepal_length = df.sepal_length.fillna(df.sepal_length.mean())
```

在 pandas 中使用 df.means()计算平均值时，pandas 会自动排除缺失的值。

现在，让我们确认数据集中不再包含缺失值（如图 1-21 所示）。

```
sepal_length      False
sepal_width       False
petal_length      False
petal_width       False
class             False
dtype: bool
```

图 1-21

缺失值的问题解决后，我们可以将 DataFrame 传递到机器学习模型中了。

1.4.4　在神经网络项目中使用 pandas

我们已经了解了如何使用 pandas 导入.csv 格式的表格数据，并使用 pandas 内置函数进行预处理和数据可视化。在本书的余下内容中，如果数据是表格形式的，我们还会使用 pandas。pandas 在数据预处理和探索性数据分析中将起到至关重要的作用，在后续的章节我们会见证这一点。

1.5　TensorFlow 和 Keras——开源深度学习库

TensorFlow 是一个用于神经网络和深度学习的库。它由谷歌大脑团队开发，该团队专门针对可扩展性对其进行了设计。TensorFlow 可以在多种平台上运行，无论是桌面设备还是移动设备，甚至是计算机集群。如今，TensorFlow 已经成为最流行的机器学习库之一，且在实际应用软件中有着非常广泛的应用。例如，很多如今使用的在线服务，其背后的 AI 系统是由 TensorFlow 驱动的，其中包括图像搜索、语言识别、推荐引擎。TensorFlow 已经变成了很多 AI 应用的幕后英雄，即使我们并没有注意到。

Keras 是构建在 TensorFlow 上的高级应用程序接口（API）。为什么要用 Keras 呢？为什么我们需要另外一个函数库来作为 TensorFlow 的接口？简单来讲，Keras 消除了构建神经网络的复杂性，可以快速构建模型进行实验和测试，而不需要让用户考虑底层的实现细节。Keras 基于 TensorFlow 提供了简单且符合直觉的 API 以用于构建神经网络。它的设计准则是模块化和可扩展性。我们后面会看到，通过组合调用 Keras API 可以非常轻松地构建神经网络，你可以把它看作通过堆积乐高模块来构建大型结构。这一对新手友好的特性使 Keras 成为了最流行的 Python 机器学习库之一。本书将使用 Keras 作为构建神经网络项目的首要机器学习库。

1.5.1　Keras 中的基础构建单元

Keras 中的基础构建单元是层（layer)。通过将多个层线性地堆叠起来，可以构建出神经网络模型。我们使用优化器（optimizer）对模型进行训练并选择损失函数作为评估标准。回忆一下，之前我们从头构建神经网络时，需要编写代码来实现这些模块。我们把这些模块称为 Keras 中的基本结构单元，因为可以基于这些基本结构单元构建任意的神经网络。

Keras 基本构建单元之间的关系如图 1-22 所示。

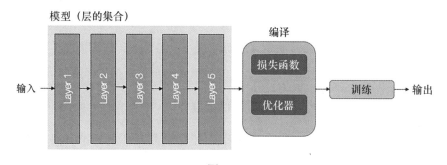

图 1-22

1.　层——Keras 中构建神经网络的基本元素

你可以把 Keras 中的层看作原子，因为它们是神经网络中最基本的单元。每层可以接收输入并进行数学运算，然后将输出结果传递给下一层。Keras 中的核心层包括致密层（dense layer)，激活层（activation layer）和 Dropout 层。还有另外的一些更复杂的层，包括卷积层（convolutional layer)和池化层（pooling layer）。在本书中，这些不同种类的层都会在项目中出现。

就目前来讲，让我们仔细研究一下 Dense 层，这是我们目前在 Keras 中最常用到的层。Dense 层也就是我们所说的全连接层（fully-connected layer）。Dense 层是全连接的，因为它在其实现的数学函数中使用了全部的输入（与之相对的是仅使用部分输入）。

一个 Dense 层实现了如下的函数：

$$\hat{y} = \sigma(Wx + b)$$

$\hat{y}$ 是输出，σ 是激活函数，x 是输入，而 W 和 b 分别是权重和偏差。

这个公式对你来说应该很眼熟吧。我们在手动编写神经网络时用过全连接层。

2. 模型——层的集合

如果层可以被看作原子，那么模型就可以被看作 Keras 中的分子。一个模型就是一些层的集合，在 Keras 中最常用的模型是顺序模型（sequential model）。顺序模型允许我们将层线性地堆叠起来。这使得我们可以轻松地构建模型结构而不需要操心其背后的数学原理。在后面的章节我们会看到，要想让连续的层之间具有互相兼容的维度需要耗费很大精力，而这些工作 Keras 已经默默地替我们完成了。

一旦定义好了模型，就需要开始定义训练流程了，在 Keras 中可以通过 compile 方法完成。compile 有很多参数，其中需要定义的最重要的参数是损失函数和优化器。

3. 损失函数——神经网络训练误差评估标准

在前面的章节中，我们定义损失函数作为评价预测好坏的标准。问题的特点应该作为选择损失函数的依据。Keras 中有很多损失函数，常用的有 mean_squared_error、categorical_crossentropy 和 binary_crossentropy。

对于如何选择损失函数，这里有一些经验法则：

● 如果是回归问题选择均方差函数（mean_squared_error）；

● 如果是多类别分类问题选择分类交叉熵（categorical_crossentropy）；

● 如果是二元分类问题选择二元交叉熵（binary_crossentropy）。

在某些情况下，你可能会发现 Keras 默认的损失函数并不适用于你的问题。在这种情况下你可以通过使用 Python 中定义函数的方法定义你自己的损失函数，然后把这个自定义函数传递给 Keras 的 `compile` 方法。

4. 优化器——神经网络训练算法

优化器是一种用于在神经网络训练过程中更新权重的算法。Keras 中的优化器基于梯度下降算法，该算法在前面的章节我们已经有所涉及。

尽管并没有涉及不同种类优化器的细节，但是需要注意的是，我们对优化器的选择需要基于待解决问题的特点。通常来讲，研究人员发现 Adam 优化器对深度神经网络来讲是最佳的，而 SGD 优化器则更适合浅层神经网络（shallow neural network）。Adagrad 优化器同样也是一个很流行的选择，它根据权重被更新的频率自适应地选择学习速率，这种方法的主要优点是可以避免手动调节学习速率这一超参数，而调参在机器学习工作流中是非常耗时的一步。

1.5.2 用 Keras 创建神经网络

让我们看看如何使用 Keras 创建一个之前介绍过的两层神经网络吧。为了构建一组线性层，首先在 Keras 中声明一个顺序模型：

```
from keras.models import Sequential
model = Sequential()
```

上述代码会创建一个空的顺序模型以便我们可以向其中添加层。在 Keras 中向模型添加层非常简单，和一层一层搭乐高积木一样。我们先从左面开始添加层（最靠近输入的一层）：

```
from keras.layers import Dense
# Layer 1
model.add(Dense(units=4, activation='sigmoid', input_dim=3))
# 输出层
model.add(Dense(units=1, activation='sigmoid'))
```

在 Keras 中添加层非常简单，只需要调用 `model.add()`命令即可。注意我们必须为每一层定义节点个数，节点个数越多模型也就越复杂，因为这意味着要训练的权重也越多。对于第一层，我们需要定义 input_dim，它将数据集中特征的数量（列数）告知 Keras。同时要注意我们使用了 Dense 层。Dense 层就是全连接层（fully connected layer），在后续的章节里面我们会向你介绍各种类型的层，它们适用于不同类型的问题。

可以调用 model.summary 函数来验证模型结构：

```
print(model.summary())
```

输出结果如图 1-23 所示。

```
Layer (type)                    Output Shape               Param #
================================================================
dense_1 (Dense)                 (None, 4)                  16
_____
dense_2 (Dense)                 (None, 1)                  5
================================================================
Total params: 21
Trainable params: 21
Non-trainable params: 0
```

图 1-23

params 的数量指的是在我们刚刚定义的模型中，需要训练的权重和偏差的个数。

当对模型结构感到满意之后，让我们编译模型并开始训练吧：

```
from keras import optimizers
sgd = optimizers.SGD(lr=1)
model.compile(loss='mean_squared_error', optimizer=sgd)
```

 注意我们定义了 SGD 优化器的学习速率为 1.0(lr=1)。学习速率是神经网络的一种超参数，需要根据问题小心地调优。我们会在后面的章节中仔细讲解超参数的调优。

Keras 中的均方差（mean_squared_error）损失函数和先前定义的平方和损失函数类似。我们使用 SGD 优化器来训练模型。回忆一下，我们用梯度下降法更新权重和偏差，将其向损失函数关于权重和偏差的导数减小的方向去调节。

让我们使用之前用于训练神经网络的数据来训练这个神经网络。这样就可以将 Keras

构建的神经网络预测结果与之前我们徒手打造的神经网络预测结果进行比较。

定义一个 x 数组和 y 数组，分别对应特征和目标变量：

```
import numpy as np
np.random.seed(9)

X = np.array([[0,0,1],
              [0,1,1],
              [1,0,1],
              [1,1,1]])
y = np.array([[0],[1],[1],[0]])
```

对训练模型进行 1500 轮训练：

```
model.fit(X, y, epochs=1500, verbose=False)
```

使用 model.predict() 命令来获取预测结果：

```
print(model.predict(X))
```

预测结果如图 1-24 所示。

与之前获得的预测结果进行对比，可以看到两个预测非常接近。使用 Keras 最大的优势在于构建神经网络时不需要像之前一样，操心底层的实现和数学原理。实际上，我们不需要做任何数学计算。

```
[[0.04623432]
 [0.94387746]
 [0.94575524]
 [0.06039287]]
```
图 1-24

只需要调用一系列的 API 就可以构建出神经网络，这样我们就可以专注于更高层次的细节，并进行快速实验。

1.6　其他 Python 函数库

除了 pandas 和 Keras，我们还会使用其他的 Python 库，例如 scikit-learn 和 seaborn。scikit-learn 是一个开源的机器学习库，被很多机器学习项目所使用。我们使用它主要是为了在数据预处理阶段将数据集分为训练数据集和测试数据集。seaborn 是另外一个数据可视化库，最近受到了越来越多的关注。在后续的章节中我们会学习如何使用 seaborn 来进行数据可视化。

1.7　小结

本章我们学习了什么是机器学习，看到了机器学习项目完整的端到端工作流。我们同时还学习了什么是神经网络和深度学习，既从头编写了神经网络，也基于 Keras 实现了神经网络。

在后面的章节中，我们会创建自己的真实神经网络项目。每个章节会包括一个项目，项目的难度由浅入深。当你读完本书的时候，你已经完成了医学诊断、出租车费用预测、图像分类、情感分析等等神经网络项目。在第 2 章中，我们会通过多层感知器（Multilayer Perceptron，MLP）对糖尿病进行预测。让我们开始吧！

第 2 章
基于多层感知器预测糖尿病

在第 1 章中，我们探索了神经网络的内部原理，学习了如何利用 Keras 这样的 Python 库来构建神经网络，了解了端到端机器学习的工作流。在本章中，我们会利用所学知识构建一个可以预测病人罹患糖尿病风险的多层感知器（Multilayer Perceptron，MLP）。这是我们要从头构建的第一个神经网络项目。

本章包括以下内容：

● 理解我们要尝试解决的问题——糖尿病；

● 如何在医疗领域应用人工智能以及人工智能如何持续改变医疗；

● 深入分析糖尿病数据集，使用 Python 进行数据可视化；

● 理解 MLP 和我们将要使用的模型结构；

● 使用 Keras 一步步地实现 MLP 并训练模型；

● 结果分析。

2.1 技术需求

本章需要的关键 Python 函数库如下：

● matplotlib 3.0.2；

- pandas 0.23.4；

- Keras 2.2.4；

- NumPy 1.15.2；

- seaborn 0.9.0；

- scikit-learn 0.20.2。

把代码下载到你的计算机，你需要执行 `git clone` 命令。

下载完成后，会出现一个名字为 `Neural-Network-Projects-with-Python` 的文件夹，使用如下命令进入文件夹 ：

$ cd Neural-Network-Projects-with-Python

在虚拟环境中安装所需的 Python 库请执行如下命令：

$ conda env create -f environment.yml

注意，在执行上述代码前，你需要先在你的计算机上安装 Anaconda。

想进入虚拟环境，请执行下面的命令：

$ conda activate neural-network-projects-python

通过执行下面的命令进入 Chapter02 文件夹：

$ cd Chapter02

文件夹中有如下文件。

- `main.py`：这个文件包含这神经网络的主要代码。

- `utils.py`：这个文件包含了一些辅助函数，可以帮助我们实现神经网络。

- `visualize.py`：这个文件包含了用于探索性数据分析和数据可视化的代码。

想运行神经网络代码，仅需要执行 main.py 文件：

$ python main.py

想创建本章代码的数据可视化结果，可执行 visualize.py 文件：

$ python visualize.py

2.2 糖尿病——理解问题

糖尿病是一种慢性疾病，通常伴随着患者身体血糖水平的上升。糖尿病通常会导致心血管疾病、中风、肾脏损伤，并对肢体末端造成长期损伤（例如四肢和眼睛）。

据估计，全世界有 4.15 亿人正在忍受糖尿病带来的痛苦，同时大约有 500 万人因糖尿病引起的相关并发症而死亡。在美国，糖尿病是第七大死亡原因。显然，糖尿病引起了人们对于现代社会医疗保健的关注。

糖尿病可以被分为两类：1 型糖尿病和 2 型糖尿病。1 型糖尿病的病因是人体无法生成足够的胰岛素。1 型糖尿病相对于 2 型糖尿病来说相当罕见，大约只占所有糖尿病病例的 5%。不幸的是，1 型糖尿病的病因尚不明确，因此预防 1 型糖尿病也很困难。

2 型糖尿病的病因是人体逐渐对胰岛素产生抵抗。2 型糖尿病是世界上最常见的糖尿病类型，它主要由过度肥胖、不规律的运动以及不健康的饮食所引起。幸运的是，如果发现的早，2 型糖尿病的发病是可以被预防和逆转的。

早期糖尿病由于没有症状，因此难以被发现和诊断。那些即将患上糖尿病（早期糖尿病）的人往往对此一无所知，发现时已经为时过晚。

我们如何使用机器学习解决这一问题呢？假设我们有一个数据集，其中包含了被测者的一系列重要测量指标（例如，年龄、血液胰岛素水平），同时对测量后一段时间内该被测者是否罹患糖尿病也进行相关的记录。这样一来，我们就可以利用这些数据训练一个神经网络（机器学习分类器），并使用它对新的被测者是否患有糖尿病进行预测，如图 2-1 所示。

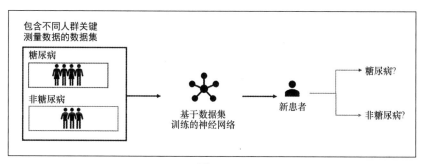

图 2-1

在 2.3 节中，我们会简单介绍人工智能是如何改变医疗的。

2.3　医疗中的人工智能

除了使用机器学习预测糖尿病以外，医疗领域也在面临人工智能的"洗牌"。埃森哲（accenture）的研究报告表明，人工智能在医疗领域的市场份额呈现爆炸式增长，其复合年增长率在 2021 年达到 40%。如此巨大的增长是由医疗领域中人工智能和科技公司的扩张所引起的。

苹果公司首席执行官蒂姆·库克（Tim Cook）认为，苹果公司可以在医疗保健领域做出巨大的贡献。2018 年苹果公司发布了新一代智能手表，该手表可以主动监控心血管健康。苹果的智能手表可以实时地生成心电图，甚至可以在心率异常时对你进行提醒——这可能是一种心血管衰竭的前兆。该智能手表还会实时收集加速度计和陀螺仪的测量数据来预测是否有严重的摔倒发生。显然，人工智能对医疗健康的影响是非常深远的。

人工智能在医疗领域的价值并不是替代医生和其他医护工作者，而是提高了他们的能力。人工智能可以在患者的整个治疗周期内为医护人员提供支持，而且可以通过数据帮助医生发现病人的健康问题。有专家表明，人工智能在下列医疗领域中将会有非常大的发展（如图 2-2 所示）。

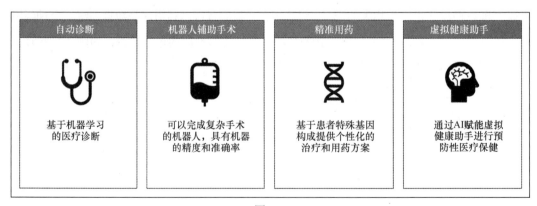

图 2-2

自动诊断

让我们重点关注本项目将会涉及的自动诊断领域的人工智能。专家相信，人工智能会对医学诊断的执行方式产生非常积极的影响。目前，大多数的医学诊断是由经验丰富的医学专家完成的。就医学影像（X 光和核磁共振）诊断来讲，在诊断过程中需要经验丰富的放射科医师运用他们的专业知识做出诊断。这些医学专家在获得执业证书前需要经过长年累月的严苛训练，因此一些国家往往缺少这一类专家，从而对诊断结果产生不良影响。人工智能的作用正是帮助这些专家减轻低级的常规检测负担，因为这些诊断完全可以由人工智能来完成，准确率也会非常高。

言归正传，我们的问题是如何使用人工智能来预测病人罹患糖尿病的风险。正如之前所介绍的，我们可以使用机器学习和神经网络来进行预测。在本章中，我们会设计并实现一个多层感知器，然后使用机器学习算法帮助我们预测糖尿病的发病风险。

2.4 糖尿病数据集

在本项目中，我们使用的数据来自皮马印第安人糖尿病数据集（Pima Indians Diabetes dataset），该数据集由（美国）国家糖尿病、消化系统和肾脏疾病中心（NIDDK）提供（并托管在 Kaggle 上）。

皮马印第安人是一群居住在亚利桑那州的美洲原住民，由于他们易患糖尿病，因此成为了最常被研究的对象。研究认为皮马印第安人携带了一种可以让他们长期忍受饥饿的基因，这种节俭基因（thrifty gene）使得皮马印第安人能够在体内囤积葡萄糖和碳水化合物。对于饥荒常发的环境，这种特征更具有遗传优势。

然而随着社会现代化的发展，皮马印第安人改变了他们的饮食习惯，食用精加工食品导致了他们 2 型糖尿病的发病率开始升高。如今，皮马印第安人的糖尿病发病率居全世界之首。这使得他们成为了最常被研究的对象，因为研究人员希望从他们身上找到糖尿病的遗传因素。

皮马印第安人糖尿病数据集包含了一组从女性皮马印第安人身上收集的诊断测量数

据，并对病人是否在初次测量后的 5 年内发展出了糖尿病进行了标记。在 2.5 节中，我们会对皮马印第安人数据集进行探索性数据分析，从而获得一些关于此数据集的重要信息。

2.5　探索性数据分析

让我们深入探索数据集，理解要处理的数据。首先将数据集导入 pandas：

```
import pandas as pd

df = pd.read_csv('diabetes.csv')
```

先来看看数据集的前 5 行，执行 df.head()命令：

```
print(df.head())
```

输出结果如图 2-3 所示。

	Pregnancies	Glucose	BloodPressure	SkinThickness	Insulin	BMI	DiabetesPedigreeFunction	Age	Outcome
0	6	148	72	35	0	33.6	0.627	50	1
1	1	85	66	29	0	26.6	0.351	31	0
2	8	183	64	0	0	23.3	0.672	32	1
3	1	89	66	23	94	28.1	0.167	21	0
4	0	137	40	35	168	43.1	2.288	33	1

图 2-3

数据集有 9 列，如下所示。

- Pregnancies（怀孕）：怀孕次数。

- Glucose（葡萄糖）：血浆葡萄糖浓度。

- BloodPressure（血压）：舒张压。

- SkinThickness（皮肤厚度）：从肱三头肌测得的皮肤褶皱厚度。

- Insulin（胰岛素）：血清胰岛素浓度。

- BMI：身体质量指数。

- DiabetesPedigreeFunction（糖尿病遗传函数）：病人遗传性易患糖尿病的

综合评分，通过患者家属糖尿病记录进行推断。

- Age（年龄）：年龄（单位为年）。

- Outcome（结果）：我们尝试预测的目标变量，初次测量后标记罹患糖尿病的患者为 1，否则为 0。

首先对数据集 9 个变量的分布进行可视化，生成的直方图如图 2-4 所示。

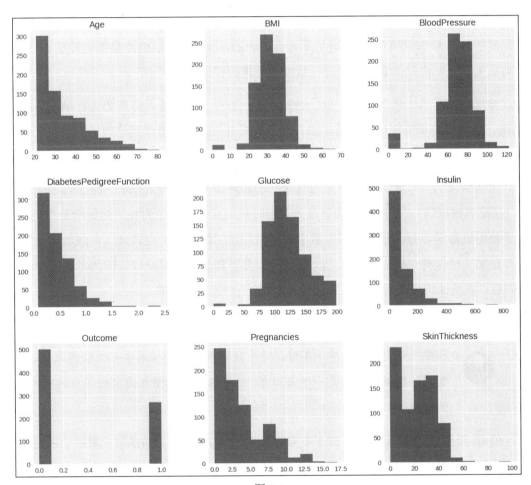

图 2-4

```
from matplotlib import pyplot as plt

df.hist()
```

```
plt.show()
```

直方图展示出了很多有趣的信息。从年龄的直方图可以看出，我们收集的大多数数据来自于年轻人，多数数据年龄段在 20 岁到 30 岁之间。同时还可以看到 BMI、血压和葡萄糖的浓度符合正态分布（钟形曲线），当我们从总体中收集统计数据时，正态分布正是我们所期望的。

不过，可以注意到葡萄糖浓度分布的尾部有一些异常值。看上去有些人的血浆葡萄糖浓度几乎达到了 200。而在分布的另一端，我们可以看到有些人的 BMI、血压和葡萄糖浓度的数据为 0。我们都知道这是不符合逻辑的，这些测量值的结果不可能是 0。这些数据丢失了吗？我们需要在后续进行数据预处理时仔细地研究一下。

如果我们观察怀孕次数的分布，也发现了一些不合理的值，有些患者怀孕次数超过 15 次，也许这并不是完全不可能，但在进行数据分析时，要考虑到这些异常值，它们可能会扭曲我们得到的结果。

患病结果的分布显示总体中大约有 65% 患者属于 0（未患糖尿病），而 35% 的患者属于 1（罹患糖尿病）。在构建机器学习分类器时我们应始终记住训练数据集的分布类型。为了使得机器学习分类器在现实生活中能够很好地工作，我们应该确保训练数据集的分布和现实生活保持一致。在本例中，数据分布并不和真实情况一致，因为世界卫生组织（WTO）的统计结果表明，全世界只有 8.5 % 的人口患有糖尿病。

在本项目中我们并不需要担心训练数据集的分布，因为我们并不会将分类器应用于现实生活中。不过，对于数据科学家和机器学习工程师来说，检查训练数据的分布是一个好习惯，这可以确保模型在现实世界中具有出色的性能。

最后，需要注意的是这些变量处于不同的范围。比如，糖尿病遗传函数变量的范围是 0～2.5，而胰岛素的范围为 0～800。不同范围的数据可能在训练神经网络的过程中导致一些问题，相对于范围小的数据，范围大的数据会占据主导位置。在 2.6 节中，我们会学习如何对数据进行标准化。

同样也可以绘制密度图（density plot）来研究每个变量和目标变量之间的关系。

为此，我们将使用 seaborn。seaborn 是一个基于 matplotlib 的 Python 数据可视化库。

下面的代码片段展示了如何为每个变量绘制密度图。为了对糖尿病患者和非糖尿病患者分布的差异进行可视化，我们在每个图中都对其分别进行了绘制：

```python
import seaborn as sns

# 创建一个 3×3 的子图
plt.subplots(3,3,figsize=(15,15))

# 为每个变量绘制密度图
for idx, col in enumerate(df.columns):
    ax = plt.subplot(3,3,idx+1)
    ax.yaxis.set_ticklabels([])
    sns.distplot(df.loc[df.Outcome == 0][col], hist=False, axlabel= False,
    kde_kws={'linestyle':'-',
    'color':'black', 'label':"No Diabetes"})
    sns.distplot(df.loc[df.Outcome == 1][col], hist=False, axlabel= False,
    kde_kws={'linestyle':'--',
    'color':'black', 'label':"Diabetes"})
    ax.set_title(col)

# 隐藏第 9 幅子图（右下角），因为我们只有 8 幅图
plt.subplot(3,3,9).set_visible(False)

plt.show()
```

输出结果如图 2-5 所示。

继续上面的输出结果，如图 2-6 所示。

密度图看上去有些复杂，现在来逐一关注每个子图，看看能得到什么信息。观察葡萄糖变量的曲线，可以发现非糖尿病病人的曲线（实线表示）符合正态分布，正态分布中心值为 100 左右。这表明在非糖尿病病人中，大多数人的血糖值为 100mg/dL。另一方面，如果观察糖尿病病人的曲线（虚线表示），可以看出曲线更宽且中心值在 150 左右。这表明糖尿病病人的血糖范围更宽且平均血糖值在 150mg/dL 左右。因此，可以说糖尿病患者和非糖尿病患者在血糖值上是有显著差异的。我们也可以对 BMI 和年龄应用同样的分析方法。换句话说，葡萄糖、BMI 和年龄对于糖尿病来说是强预测因子。患有糖尿病的人通常有着更高的血糖水平、更高的 BMI 且年龄也会更大一些。

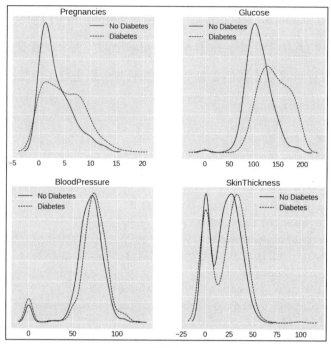

图 2-5

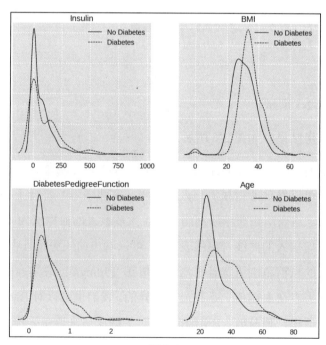

图 2-6

另一方面，我们可以看到，对于血压和皮肤厚度，在糖尿病患者和非糖尿病患者之间并没有显著的差异。这两类人有着相似的血压和皮肤厚度。因此对于糖尿病来说，血压和皮肤厚度不是好的预测因子。

2.6　数据预处理

在 2.5 节，我们发现有一些列的数值为 0，这表示有数据丢失了。我们还发现变量有着不同的范围，这对模型的性能会造成负面影响。在本节，我们会通过数据预处理来解决这些问题。

2.6.1　处理缺失数据

首先，调用 isnull 函数来检查数据集中是否有缺失的数据：

```
print(df.isnull().any())
```

输出结果如图 2-7 所示。

```
Pregnancies                 False
Glucose                     False
BloodPressure               False
SkinThickness               False
Insulin                     False
BMI                         False
DiabetesPedigreeFunction    False
Age                         False
Outcome                     False
dtype: bool
```

图 2-7

看上去并没有缺失的数据，但是我对此表示怀疑。获取数据集的综合统计结果来进一步研究：

```
print(df.describe())
```

输出结果如图 2-8 所示。

	Pregnancies	Glucose	BloodPressure	SkinThickness	Insulin	BMI	DiabetesPedigreeFunction	Age	Outcome
count	768.000000	768.000000	768.000000	768.000000	768.000000	768.000000	768.000000	768.000000	768.000000
mean	3.845052	120.894531	69.105469	20.536458	79.799479	31.992578	0.471876	33.240885	0.348958
std	3.369578	31.972618	19.355807	15.952218	115.244002	7.884160	0.331329	11.760232	0.476951
min	0.000000	0.000000	0.000000	0.000000	0.000000	0.000000	0.078000	21.000000	0.000000
25%	1.000000	99.000000	62.000000	0.000000	0.000000	27.300000	0.243750	24.000000	0.000000
50%	3.000000	117.000000	72.000000	23.000000	30.500000	32.000000	0.372500	29.000000	0.000000
75%	6.000000	140.250000	80.000000	32.000000	127.250000	36.600000	0.626250	41.000000	1.000000
max	17.000000	199.000000	122.000000	99.000000	846.000000	67.100000	2.420000	81.000000	1.000000

图 2-8

可以看到数据集中有 768 行数据，而且 Pregnancies、Glucose、BloodPressure、SkinThickness、Insulin 以及 BMI 列中的最小值为 0，这个结果并不合理。这表明数据集中有缺失值。这些数据可能是在采集过程中由于存在某些问题而被设置为 0，也许是由于仪器故障，或者是病人不愿意被采集相应的数据。

不管怎样，我们需要处理这些为 0 的值。让我们看看每列有多少个 0 来进一步明确问题：

```
print("Number of rows with 0 values for each variable")
for col in df.columns:
    missing_rows = df.loc[df[col]==0].shape[0]
    print(col + ": " + str(missing_rows))
```

输出结果如图 2-9 所示。

```
Number of rows with 0 values for each variable
Pregnancies: 111
Glucose: 5
BloodPressure: 35
SkinThickness: 227
Insulin: 374
BMI: 11
DiabetesPedigreeFunction: 0
Age: 0
```

图 2-9

胰岛素（Insulin）这一列包含了 374 个 0，几乎占据了我们数据集的一半！显然我们不能直接丢弃这些包含 0 的行，因为这么做会对模型的性能产生非常大的负面影响。

处理缺失值有这样一些技术：

- 移除（丢弃）任何含有 0 的行；

- 使用非 0 的平均数/中位数/众数来替换缺失值；

- 使用另外的机器学习模型来预测这些数据的真实值。

由于缺失值来自连续变量，例如葡萄糖、血压、皮肤厚度、胰岛素和 BMI，因此我们使用非 0 值的平均数来代替缺失值。

首先，使用 NaN 来替换葡萄糖、血压、皮肤厚度、胰岛素和 BMI 中的 0。这样，pandas 就会知道这些值是非法值：

```
import numpy as np

df['Glucose'] = df['Glucose'].replace(0, np.nan)
df['BloodPressure'] = df['BloodPressure'].replace(0, np.nan)
df['SkinThickness'] = df['SkinThickness'].replace(0, np.nan)
df['Insulin'] = df['Insulin'].replace(0, np.nan)
df['BMI'] = df['BMI'].replace(0, np.nan)
```

现在，确认葡萄糖、血压、皮肤厚度、胰岛素和 BMI 中已经不再包含 0：

```
print("Number of rows with 0 values for each variable")
for col in df.columns:
    missing_rows = df.loc[df[col]==0].shape[0]
    print(col + ": " + str(missing_rows))
```

输出结果如图 2-10 所示。

```
Number of rows with 0 values for each variable
Pregnancies: 111
Glucose: 0
BloodPressure: 0
SkinThickness: 0
Insulin: 0
BMI: 0
DiabetesPedigreeFunction: 0
Age: 0
```

图 2-10

注意，我们并没有修改怀孕次数这一列中的 0 值，因为它是合理的。

现在，让我们使用非 0 值的平均数来替换 NaN。我们可以使用 pandas 提供的一个非常方便的函数 fillna 来完成这一操作：

```
df['Glucose'] = df['Glucose'].fillna(df['Glucose'].mean())
df['BloodPressure'] =
df['BloodPressure'].fillna(df['BloodPressure'].mean())
df['SkinThickness'] =
df['SkinThickness'].fillna(df['SkinThickness'].mean())
df['Insulin'] = df['Insulin'].fillna(df['Insulin'].mean())
df['BMI'] = df['BMI'].fillna(df['BMI'].mean())
```

2.6.2　数据标准化

数据标准化是数据预处理中另外一个非常重要的技术。数据标准化的目的是对数值类型的变量进行变换，使其均值为 0 并具有单位方差。

很多机器学习算法都要求数据预处理步骤中包含变量标准化。在神经网络中，对数据进行标准化非常重要，这样才能保证反向传播算法正常工作。数据标准化的另外一个积极作用是它可以收缩变量的量级，将其变换到更均衡的范围。

可以看到，胰岛素和糖尿病遗传函数的数据范围非常不同；胰岛素的最大值为 846，而糖尿病遗传函数的最大值仅为 2.42。范围如此不同，当训练模型时，范围大的变量相对范围小的变量会占据主导位置，这会使得神经网络不经意地过分强调范围大的变量。

为了标准化数据，可以使用 scikit-learn 中的 preprocessing。从 scikit-learn 中导入 preprocessing 类并使用它调整数据范围：

```
from sklearn import preprocessing

df_scaled = preprocessing.scale(df)
```

由于 preprocessing.scale 函数返回的对象不再是 pandas DataFrame，因此需要将其转换回去：

```
df_scaled = pd.DataFrame(df_scaled, columns=df.columns)
```

不需要调整结果（Outcome）列的数据范围。因为结果列是我们要预测的目标变量，所以直接使用原始数据中结果列的数据：

```
df_scaled['Outcome'] = df['Outcome']
df = df_scaled
```

打印变换后的变量的平均数、标准差和最大值：

```
print(df.describe().loc[['mean', 'std','max'],].round(2).abs())
```

输出结果如图 2-11 所示。

	Pregnancies	Glucose	BloodPressure	SkinThickness	Insulin	BMI	DiabetesPedigreeFunction	Age
mean	0.00	0.00	0.0	0.00	0.00	0.00	0.00	0.00
std	1.00	1.00	1.0	1.00	1.00	1.00	1.00	1.00
max	3.91	2.54	4.1	7.95	8.13	5.04	5.88	4.06

图 2-11

可以看到，不同数据的范围现在已经很接近了。

2.6.3　将数据集分割为训练数据集、测试数据集和验证数据集

数据预处理的最后一步是将数据集分为训练数据集、测试数据集和验证数据集。

● 训练数据集：神经网络将基于此子数据集进行训练。

● 测试数据集：基于此子数据集对模型进行最终的评估。

● 验证数据集：这个数据集提供无偏差数据以帮助我们进行超参数的调节（也就是调节隐藏层的个数）。

将数据集分割为训练数据集、测试数据集和验证数据集 3 个子集的目的是避免模型过拟合（overfitting），同时提供无偏差数据来评估模型性能。通常我们会使用训练数据集和验证数据集来调节和改进模型。验证数据集被用来提前结束训练，也就是说，训练神经网络直到模型应用于验证数据集时性能不再提高就停止训练。这样可以避免模型的过拟合。

测试数据集也就是所谓的保留数据集（holdout dataset），因为神经网络并没有使用这部分数据进行训练。取而代之的是，我们最后使用测试数据集评估模型性能。测试结果体现了模型在实际使用时的准确度。

如何确定每种数据集的比例呢？就本章的项目而言，矛盾在于如果将大部分数据用于训练，模型的性能会提升，但也降低了模型避免过拟合的能力。同样，如果将大部分的数据用于验证和测试，模型的性能可能会因为训练数据量不足而降低。

一般的经验法则是，应该将原始数据的 80%作为训练数据，20%作为测试数据。然后再将 80%的训练数据分为 60%的训练数据和 20%的验证数据。数据集的分割过程如图 2-12 所示。

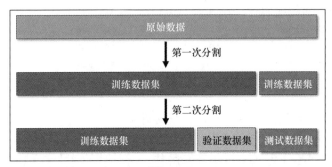

图 2-12

有一点需要注意，分割数据时必须随机分割。如果使用非随机的方法来分割数据（例如，前 80%行用作测试数据，后 20%行作为测试数据），那么可能会向训练数据集和测试数据集中引入潜在的偏差。例如，原始数据可能是按照时间顺序存放的，以非随机的方式分割数据意味着模型仅仅利用特定时间范围内的数据进行了训练，这会使得偏差非常大，在现实应用中的效果也不会好。

scikit-learn 中的 train_test_split 函数可以帮助我们随机分割数据集。

首先，把数据集分割为 X（输入特征）和 y（目标变量）：

```
from sklearn.model_selection import train_test_split

X = df.loc[:, df.columns != 'Outcome']
y = df.loc[:, 'Outcome']
```

随后，按照之前的把第一份数据分割成训练数据集（80%)和测试数据集（20%）：

```
X_train, X_test, y_train, y_test = train_test_split(X, y, test_size=0.2)
```

最后，创建训练数据集和验证数据集：

```
X_train, X_val, y_train, y_val = train_test_split(X_train, y_train, test_size=0.2)
```

2.7 MLP

至此，我们已经完成了探索性数据分析和数据预处理。现在，让我们专注于神经网络模型结构的设计吧。在本项目中，我们会使用 MLP。

MLP 是一种前馈神经网络，它和第 1 章介绍的单层感知器不同，它至少有一个隐藏层，且每层均通过一个非线性激活函数激活。这种多层神经网络结构和非线性激活函数使得 MLP 可以生成非线性的决策边界，这对预测皮马印第安人糖尿病数据集这种多维的现实世界的数据集来说很重要。

模型结构

MLP 的模型结构如图 2-13 所示。

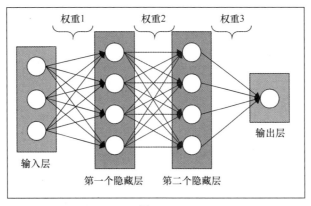

图 2-13

正如在第 1 章中讨论的那样，我们可以在 MLP 中创建任意数量的隐藏层。就本项目而言，我们在 MLP 中使用两个隐藏层。

1. 输入层

输入层中的每个节点（用矩形中的圆形表示）表示一个特征（即数据集中的一列）。皮马印第安人数据集中有 8 个特征，因此 MLP 的输入层包含 8 个节点。

2. 隐藏层

输入层下面的一层是隐藏层（hidden layer）。正如在第 1 章中看到的那样，隐藏层接收输入层输入并对其应用一个非线性激活函数（non-linear activation function）。使用数学语言，我们可以将隐藏层表示为如下形式：

$$隐藏层的输出 = \sigma(Wx + b)$$

x 表示上一层传递来的输入，σ 表示非线性激活函数，W 表示权重，b 表示偏差。

为了简化问题，我们在本项目的模型中只使用了两个隐藏层。增加隐藏层的数量会提高模型的复杂度和训练时间。就本项目而言，从模型的性能表现来看，两个隐藏层足够了。

3. 激活函数

在设计神经网络模型结构时，我们也需要为每一层选择激活函数。激活函数在神经网络中扮演着非常重要的角色。可以把激活函数看作神经网络中的一个转换器，它们接收一个输入，并将转换后的结果传递给下一层。

在本项目中，我们会使用修正线性单元（Rectified Linear Unit, ReLU）和 sigmoid 激活函数作为激活函数。

1. ReLU

经验法则是，ReLU 通常会用作中间隐藏层的激活函数（非输出层）。2011 年，研究人员证明了 ReLU 比以往的任何激活函数都适合训练深度神经网络（DNN）。如今，ReLU 成为了深度神经网络最经常选择的激活函数，并成为了默认的激活函数。

使用数学语言，我们可以将 ReLU 表示为如下形式：

$$f(x) = \max(0, x)$$

ReLU 函数仅仅考虑原始 x 中非负的部分，并将负数部分替换为 0。原理如图 2-14 所示。

2. sigmoid 激活函数

对于最后的输出层，我们需要一个激活函数来生成预测结果。对于本项目，我们只做简单的二元预测：糖尿病发病的病人标记为 1，未发病的病人标记为 0。对于二元分类问题，sigmoid 激活函数是一个理想的选择。

使用数学语言，我们可以将 sigmoid 激活函数表示为如下形式：

$$f(x) = \frac{1}{1 + e^{-x}}$$

尽管看上去很复杂，但实际上很简单。如图 2-15 所示，sigmoid 激活函数将输出值的范围压缩至 0 到 1 之间。

如果转换后的 $f(x)$ 值大于 0.5，则将其归类为 1。同样地，如果转换后的值小于 0.5 则将其归类为 0。sigmoid 激活函数使我们可以接收一个输入值并输出一个二元的分类结果（1 或者 0），这正是本项目所需要的（即预测一个人是否患有糖尿病）。

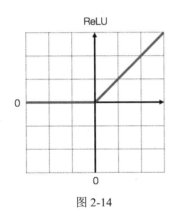

图 2-14

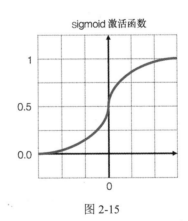

图 2-15

2.8 使用 Keras 构建模型

终于，我们可以开始在 Keras 中训练 MLP 了。

2.8.1 建模

正如在第 1 章中所提到的，我们可以使用 `Sequential()` 类，像搭乐高积木一样，通过将层堆叠起来的方法在 Keras 中创建一个神经网络。

先创建一个新的 Sequential() 类：

```
from keras.models import Sequential

model = Sequential()
```

随后，让我们创建第一个隐藏层。第一个隐藏层包含 32 个节点，输入的维度是 8（因为 x_train 中包含 8 列）。注意，对于第一个隐藏层，我们需要指明输入维度，而对于后续的隐藏层，Keras 会自动处理维度的兼容性。

另外需要注意的是，我们随意指定了第一个隐藏层中节点的个数。这个变量是一个超参数，实际上我们需要通过不断试错来很小心地选择这个变量的值。在本项目中，我们跳过了这一步，人为地选择 32 作为节点个数，因为对于这个简单的数据集，这个变量产生的影响并不大。

添加第一个隐藏层：

```
from keras.layers import Dense
# 添加第一个隐藏层
model.add(Dense(32, activation='relu', input_dim=8))
```

按照前面所讨论的，选择 ReLU 作为激活函数。

下面，添加第二个隐藏层。添加更多的隐藏层会提高模型的复杂性，但是有时也会造成模型的过拟合。对于本项目，我们仅使用两个隐藏层，因为这足以创建一个令人满意的模型了。

添加第二个隐藏层：

```
#添加第二个隐藏层
model.add(Dense(16, activation='relu'))
```

最后，添加输出层来完成 MLP 的创建。输出层只有一个节点，因为此处我们处理的是二元分类问题。激活函数使用的是 sigmoid 函数，它将输出结果压缩至 0~1（二元输出）。

现在，像下面这样添加输出层：

```
# 添加输出层
model.add(Dense(1, activation='sigmoid'))
```

2.8.2 模型编译

在开始训练模型之前，我们需要定义训练过程的参数，这一步通过 compile() 方法完成。

训练过程有以下 3 个参数需要我们定义。

- 优化器：我们使用 adam 优化器，它是 Keras 中非常流行的优化器。对于大多数数据集，adam 优化器不需要做过多的调优就能够很好地工作。

- 损失函数：使用二元交叉熵（binary_crossentropy）作为损失函数，因为这是一个二元分类问题。

- 评估标准：使用准确率（即正确分类的样本比例）作为模型性能的评估标准。

随后，像下面这样调用 compile() 方法：

```
# 编译模型
model.compile(optimizer='adam', loss='binary_crossentropy', metrics=['accuracy'])
```

2.8.3 模型训练

调用 fit 函数训练我们先前定义的模型。将模型训练 200 轮（epoch）：

```
# 将模型训练 200 轮
model.fit(X_train, y_train, epochs=200)
```

输出结果如图 2-16 所示。

正如我们所看到的那样，每经过一轮（epoch）训练，损失减小、准确度提高，这是因为学习算法根据训练数据在持续不断地更新 MLP 的权重和偏差。注意，在图 2-16 中，准确率指的是基于训练数据集的准确率。在 2.9 节中，我们会基于测试数据集测试 MLP 的性能以及其他重要的评价标准。

```
Epoch 1/200
491/491 [==============================] - 1s 1ms/step - loss: 0.6387 - acc: 0.6640
Epoch 2/200
491/491 [==============================] - 0s 30us/step - loss: 0.5772 - acc: 0.7189
Epoch 3/200
491/491 [==============================] - 0s 32us/step - loss: 0.5410 - acc: 0.7332
Epoch 4/200
491/491 [==============================] - 0s 35us/step - loss: 0.5159 - acc: 0.7434
Epoch 5/200
491/491 [==============================] - 0s 32us/step - loss: 0.4976 - acc: 0.7617
Epoch 6/200
491/491 [==============================] - 0s 29us/step - loss: 0.4869 - acc: 0.7597
Epoch 7/200
491/491 [==============================] - 0s 32us/step - loss: 0.4770 - acc: 0.7617
Epoch 8/200
491/491 [==============================] - 0s 32us/step - loss: 0.4697 - acc: 0.7637
Epoch 9/200
491/491 [==============================] - 0s 32us/step - loss: 0.4642 - acc: 0.7678
Epoch 10/200
491/491 [==============================] - 0s 31us/step - loss: 0.4600 - acc: 0.7658

                          .
                          .
                          .

Epoch 190/200
491/491 [==============================] - 0s 31us/step - loss: 0.2488 - acc: 0.8941
Epoch 191/200
491/491 [==============================] - 0s 30us/step - loss: 0.2476 - acc: 0.9002
Epoch 192/200
491/491 [==============================] - 0s 30us/step - loss: 0.2492 - acc: 0.8982
Epoch 193/200
491/491 [==============================] - 0s 30us/step - loss: 0.2466 - acc: 0.9022
Epoch 194/200
491/491 [==============================] - 0s 33us/step - loss: 0.2476 - acc: 0.8961
Epoch 195/200
491/491 [==============================] - 0s 32us/step - loss: 0.2490 - acc: 0.8921
Epoch 196/200
491/491 [==============================] - 0s 36us/step - loss: 0.2473 - acc: 0.8961
Epoch 197/200
491/491 [==============================] - 0s 32us/step - loss: 0.2455 - acc: 0.8961
Epoch 198/200
491/491 [==============================] - 0s 35us/step - loss: 0.2422 - acc: 0.9022
Epoch 199/200
491/491 [==============================] - 0s 31us/step - loss: 0.2428 - acc: 0.8961
Epoch 200/200
491/491 [==============================] - 0s 32us/step - loss: 0.2412 - acc: 0.9022
```

图 2-16

2.9　结果分析

MLP 模型已经成功完成训练，现在让我们基于测试准确率、混淆矩阵（confusion matrix）和受试者操作特征曲线（Receiver Operating Characteristic，ROC）来评估模型的性能吧。

2.9.1　测试模型准确率

我们可以使用 evaluate 函数基于测试数据集和训练数据集来评估模型性能：

```
scores = model.evaluate(X_train, y_train)
print("Training Accuracy: %.2f%%\n" % (scores[1]*100))
```

```
scores = model.evaluate(X_test, y_test)
print("Testing Accuracy: %.2f%%\n" % (scores[1]*100))
```

输出结果如图 2-17 所示。

```
491/491 [==============================] - 0s 45us/step
Training Accuracy: 91.85%

154/154 [==============================] - 0s 48us/step
Testing Accuracy: 78.57%
```

图 2-17

训练数据集和测试数据集上的模型准确率分别为 91.85% 和 78.57%。训练数据集和测试数据集之间的准确率差异并不出乎我们的意料，毕竟模型是基于训练数据集训练的。实际上，对模型进行更多次的训练可以使基于训练数据集的准确率达到 100%，但是这并不是我们想要的，因为出现这种情况就代表模型过拟合了。基于测试数据集计算出的准确率，是我们评估模型在真实环境中应用准确率的标准，因为模型在真实环境中应用时，输入数据是模型未曾训练过的。

在测试数据集上能达到 78.57% 的准确率已经相当令人满意了，毕竟我们的 MLP 模型只有两个隐藏层。这个准确率意味着，向模型输入某个新患者的 8 种测量数据（葡萄糖、血压、胰岛素等），MLP 对病人是否患有糖尿病的预测结果，其准确率可以达到 80% 左右。大体上讲，我们已经开发出了我们的第一个人工智能！

2.9.2 混淆矩阵

混淆矩阵（confusion matrix）是一个很有用的可视化工具，它可以对模型做出的真阴性、假阴性、真阳性、假阳性预测进行分析。除了准确率指标外，我们同样也应该考察混淆矩阵以便了解模型性能。

真阴性、假阴性、真阳性、假阳性的定义如下。

● 真阴性（true negative）：实际分类为阴性（未患糖尿病）而模型预测结果为阴性（未患糖尿病）。

● 假阴性（false negative）：实际分类为阳性（患糖尿病）而模型预测结果为阴性（未患糖尿病）。

- 真阳性（true positive）：实际分类为阳性（患糖尿病）而模型预测结果为阳性（患糖尿病）。

- 假阳性（false positive）：实际分类为阴性（未患糖尿病）但模型预测结果为阳性（患糖尿病）。

显然，我们希望假阳性和假阴性的数量越少越好，而真阴性和真阳性的数量则越多越好。

下面通过 sklearn 中的 confusion_matrix 类来构建混淆矩阵并使用 seaborn 进行可视化：

```
from sklearn.metrics import confusion_matrix
import seaborn as sns

y_test_pred = model.predict_classes(X_test)
c_matrix = confusion_matrix(y_test, y_test_pred)
ax = sns.heatmap(c_matrix, annot=True,
                 xticklabels=['No Diabetes','Diabetes'],
                 yticklabels=['No Diabetes','Diabetes'],
                 cbar=False, cmap='Blues')
ax.set_xlabel("Prediction")
ax.set_ylabel("Actual")
```

输出结果如图 2-18 所示。

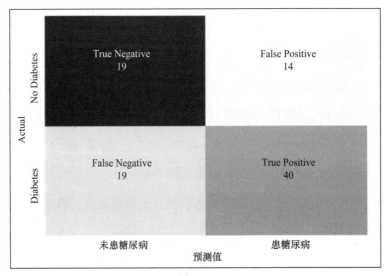

图 2-18

从图 2-18 所示的混淆矩阵可以看出，大部分预测属于真阴性和真阳性（正如 2.9.1 节中 78.57%准确性所表明的那样）。余下的还有 19 个假阴性和 14 个假阳性的预测结果，这是我们不希望得到的结果。

对于糖尿病的预测，假阴性这样的错误结果比假阳性更为严重。假阴性会告诉患者他们在 5 年内并不会患有糖尿病，但实际上他们会患病。因此，当我们评估用于预测糖尿病的不同模型的性能时，假阴性结果越少越好。

2.9.3 ROC 曲线

对于分类问题，我们在评估模型性能时也需要考察 ROC 曲线。绘制 ROC 曲线时，将真阳性率（TPR）作为 y 轴，假阳性率（FPR）作为 x 轴。TPR 和 FPR 的定义如下：

$$TPR = \frac{\text{True Positive}}{\text{True Positive} + \text{False Negative}}$$

$$FPR = \frac{\text{False Positive}}{\text{True Negative} + \text{False Positive}}$$

在分析 ROC 曲线时，通过曲线下方面积（Area Under the Curve，AUC）可以对生成该曲线的模型进行性能评估。ACU 大，表示模型能够更准确地区分不同类别，AUC 小则表示模型做出的预测准确率不高，预测结果时常是错的。落在对角线上的 ROC 表示模型预测结果的准确率并不高于随机预测的，如图 2-19 所示。

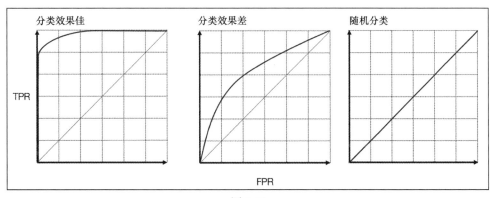

图 2-19

现在来绘制模型的 ROC 曲线并分析模型性能。一如既往，scikit-learn 提供了 roc_curve 类帮助我们绘制 ROC 曲线。但是首先，让我们使用 predict 函数对各种类型做出预测：

```
from sklearn.metrics import roc_curve
import matplotlib.pyplot as plt

y_test_pred_probs = model.predict(X_test)
```

然后，执行 roc_curve 函数获取假阳性率和真阳性率以绘制 ROC 曲线：

```
FPR, TPR, _ = roc_curve(y_test, y_test_pred_probs)
```

现在，使用 matplotlib 来绘制曲线：

```
plt.plot(FPR, TPR)
plt.plot([0,1],[0,1],'--', color='black') #diagonal line
plt.title('ROC Curve')
plt.xlabel('False Positive Rate')
plt.ylabel('True Positive Rate')
```

输出结果如图 2-20 所示。

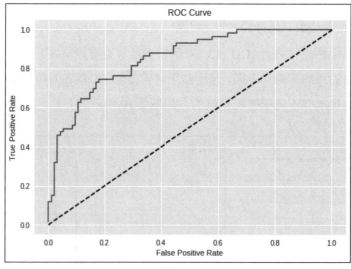

图 2-20

从图 2-20 中的 ROC 曲线可以看出，模型的效果非常不错。这说明我们的模型可以区分不同类型的样本并做出准确的预测。

2.9.4 进一步优化

现在，该好好研究一下如何进一步优化模型性能了。我们应该如何进一步提高模型准确率以及降低假阴性率和假阳性率呢？

通常来讲，模型准确率不高的原因主要是由于数据集中缺少强特征，而不是模型复杂度不够。皮马印第安人数据集仅包含了 8 个特征，单靠这些特征并不足以预测是否会发病。

这种情况下，我们可以通过特征工程（feature engineering）来增加输入模型的特征数量。特征工程是利用人类在问题相关领域的知识，为机器学习算法创建新特征的过程。对于数据科学来说，特征工程是其最重要的一环。事实上，大多数赢得 Kaggle 竞赛的选手都将其成功归结于特征工程，而不是仅靠模型调优。然而，特征工程是一把双刃剑，必须小心使用。增加不合适的特征会向模型引入噪声并影响模型的性能。

与增加特征相对的是，我们也可以考虑通过移除特征来提升模型性能。这个方法被称为特征选择（feature selection）。当我们认为原始数据集中包含过多噪声时，通过移除噪声特征（非强预测因子）也可以提高模型性能。一种常用的特征选择方法是使用决策树（decision tree）。

决策树是另外一类机器学习模型，它拥有树状数据结构。决策树非常有用，它基于特定统计标准并通过计算将重要特征进行排序。我们可以首先使用决策树来拟合数据，然后使用其输出结果来移除那些被认为不重要的特征，最后将精简过的数据集传递给神经网络。同样，特征选择也是一把双刃剑，它可能会影响到模型性能。

尽管本项目并没有应用特征工程和特征选择，但是在后续章节的其他项目中我们会使用它，我们会循序渐进地接触难度更高的问题。

2.10 小结

在本章，我们设计并实现了 MLP 模型，该模型预测糖尿病发病的准确率大约为 80%。

首先，使用探索性数据分析来观察每个变量的分布以及每个变量和目标变量之间的关系。通过数据预处理移除缺失数据，并通过数据标准化对变量进行转换，使其具有 0 均值和单位方差。然后将数据集随机分割为训练数据集、验证数据集和测试数据集。

随后，我们研究了 MLP 模型的结构。MLP 模型包含两个隐藏层，第一层包含 32 个节点，第二层包括 16 个节点。我们使用 Keras 中的顺序模型实现了 MLP，顺序模型允许我们将神经网络层堆叠起来。然后我们使用训练数据集训练 MLP 模型，Keras 使用 Adam 优化器算法来调节神经网络的权重和偏差。通过 200 轮迭代，逐步提高模型准确率。

最后，我们使用测试准确率、混淆矩阵和 ROC 曲线对模型性能进行了评估。在评估模型性能时，我们观察了假阴性和假阳性这些重要指标，探讨了为什么对于一个糖尿病发病预测分类器来说它们尤其重要。

本章到此结束，介绍如何通过一个简单的 MLP 模型预测糖尿病。在第 3 章中，我们会使用更加复杂的数据集，利用数据集中的时间及地理位置信息预测打车费用。

2.11　问题

1. 问：如何为 pandas DataFrame 绘制直方图，为什么直方图很有用？

答：我们可以调用 pandas DataFrame 的内建方法 df.hist() 绘制直方图。直方图提供了关于数值数据分布的准确表示。

2. 问：如果查看 pandas DataFrame 中是否含有缺失值（NaN）？

答：我们可以调用 df.isnull().any() 函数来查看数据集的每一列中是否有缺失值。

3. 问：除了 NaN，还有哪些缺失值可能出现在数据集中？

答：缺失值可能表示为 0。数据集中的缺失值通常被记录为 0，因为在数据采集过程中可能会出现一些问题——也许是仪器有问题，或者是出现了其他妨碍数据采集的问题。

4．问：为什么在神经网络开始训练前，移除缺失值非常重要？

答：神经网络不能处理 NaN 值。神经网络需要它所有的输入均为合法数值，因为在进行前馈和反向传播的过程中，需要进行多种数学运算。

5．问：数据标准化是什么，为什么在进行神经网络训练前进行数据标准化非常重要？

答：数据标准化的目的是对数值类型的变量进行转换并使其具有 0 均值和单位方差。当训练神经网络时，确保数据已经被标准化是非常重要的。这确保了在训练时，数值范围较大的特征不会对数值范围较小的特征产生影响。

6．问：如何分割数据集确保无偏差地评估模型性能？

答：在训练神经网络之前，应该将数据集分割为训练数据集、验证数据集和测试数据集。神经网络会基于训练数据集进行训练，而验证数据集可以帮助我们基于无偏差数据进行超参数的调优。最后，测试数据集提供了用于评估神经网络模型的性能的无偏差数据。

7．问：MLP 模型结构的特点是什么？

答：MLP 是一种前馈网络，它至少含有一个隐藏层，每一层都包含一个非线性的激活函数。这种多层神经网络和非线性激活函数的结构允许 MLP 产生非线性的预测边界。

8．问：神经网络中激活函数的作用是什么？

答：激活函数可以在权重和偏差传入下一层之前对其进行非线性变换。最流行、最有效的隐藏层之间的激活函数是 ReLU 激活函数。

9．问：针对二元分类问题训练神经网络模型时，什么损失函数是合适的？

答：在针对二元分类问题训练神经网络模型时，二元交叉熵是最合适的损失函数。

10．问：混淆矩阵表征的是什么？我们如何运用混淆矩阵来评估神经网络模型性能？

答：混淆矩阵提供了神经网络做出真阴性、假阳性、假阴性、真阳性的判断的数量。除了模型准确率这一指标之外，混淆矩阵帮助我们探索神经网络模型做出的错误预测（假阳性和假阴性）。

第 3 章
基于深度前馈网络预测出租车费用

在本章，我们会使用深度前馈神经网络来预测纽约市的出租车费用，输入的数据包括上客地点、下客地点等信息。

在第 2 章，我们学习了如何使用具有两个隐藏层的多层感知器（MLP）模型来处理分类问题（病人是否患糖尿病）。在本章，我们会构建一个用于处理回归问题的深度神经网络，并使用该神经网络预测出租车费用。为了达到这一目的，我们需要创建一个更深（更复杂）的神经网络。

本章包括以下内容：

- 我们尝试解决该问题的动机——更准确地预测打车费用；

- 机器学习中的分类问题和回归问题；

- 深入分析纽约市出租车数据集，包括对地理位置数据可视化；

- 深度前馈网络的模型结构；

- 在 Keras 中训练深度前馈网络以解决回归问题；

- 结果分析。

3.1 技术需求

本章需要的关键 Python 函数库如下：

- matplotlib 3.0.2；

- pandas 0.23.4；

- Keras 2.2.4；

- NumPy 1.15.2；

- scikit-learn 0.20.2。

把代码下载到计算机，你需要执行 `git clone` 命令。

下载完成后，会出现一个名字为 `Neural-Network-Projects-with-Python` 的文件夹，使用如下命令进入文件夹：

```
$ cd Neural-Network-Projects-with-Python
```

在虚拟环境中安装所需 Python 库，请执行如下命令：

```
$ conda env create -f environment.yml
```

注意，在执行上述代码前，你首先需要在你的计算机上安装 Anaconda。

想进入虚拟环境，请执行下面的命令：

```
$ conda activate neural-network-projects-python
```

通过执行下面的命令进入 Chapter03 文件夹：

```
$ cd Chapter03
```

文件夹中有以下文件。

- `main.py`：这个文件包含了神经网络的主要代码。

- `utils.py`：这个文件包含了一些辅助函数，可以帮助我们构建神经网络。

- `visualize.py`：这个文件包含了用于探索性数据分析和数据可视化的代码。

想运行神经网络代码，仅需要执行 main.py 文件：

```
$ python main.py
```

想创建本章代码的数据可视化结果，可执行 visualize.py 文件：

```
$ python visualize.py
```

3.2　预测纽约市出租车打车费用

纽约市的黄色出租车恐怕是这座城市最具标识性的名片之一。成千上万的人依赖这些出租车作为通勤手段在这座熙熙攘攘的城市里穿梭。近些年来，纽约市出租车的压力与日俱增，而这些压力主要来自 Uber 这样的打车软件。

为了应对打车软件的竞争，出租车行业正在寻找现代化的运营方法并向消费者提供与网约车同样的用户体验。在 2018 年的 8 月份，纽约出租车管理局发布了新的应用软件，人们可以通过该软件在手机上预约出租车。该软件可以为用户提前计算打车费用。而通过算法提前计算费用并不是一项简单的任务。该算法需要考虑多种环境变量的影响，例如交通状况、时间、乘客上车和下车的位置，这样才能预测出准确的费用。进行预测最好的方法是利用机器学习。在本章结束之时，你将可以创建并训练一个神经网络以完成预测任务。

3.3　纽约市出租车打车费用数据集

本项目我们使用的是由 Kaggle 提供的纽约市出租车打车费用数据集（NYC taxi fares dataset）。该数据集包含了 2009 年到 2015 年 5500 万条行程记录，数据集包括了上客和下客地点、乘客数量、接到客人所用时间等信息。该数据集为我们在机器学习项目中使用大数据及地理位置可视化提供了非常好的机会。

3.4　探索性数据分析

让我们直接开始研究数据集吧。纽约市出租车打车费用数据集可以在本书配套的 GitHub 仓库中找到。和第 2 章不同的是，我们不会导入原始数据集中的全部数据（5500 万条数据）。实际上，大多数计算机不能在内存中完整地存储该数据集！取而代之的是，我们仅导入 50 万条数据。这么做也有它的缺点，但是为了高效地使用该数据集，这么取舍是有必要的。

为此，在 pandas 中执行 read_csv 函数：

```
import pandas as pd

df = pd.read_csv('NYC_taxi.csv', parse_dates=['pickup_datetime'],
nrows=500000)
```

 read_csv 中的 parse_dates 参数可以处理日期，使我们可以灵活地处理 datetime 等类型的数值，在后面的章节我们会看到这一点。

调用 df.head 函数看看数据集的前 5 行：

```
print(df.head())
```

输出结果如图 3-1 所示。

	key	fare_amount	pickup_datetime	pickup_longitude	pickup_latitude	dropoff_longitude	dropoff_latitude	passenger_count
0	2009-06-15 17:26:21.0000001	4.5	2009-06-15 17:26:21	-73.844311	40.721319	-73.841610	40.712278	1
1	2010-01-05 16:52:16.0000002	16.9	2010-01-05 16:52:16	-74.016048	40.711303	-73.979268	40.782004	1
2	2011-08-18 00:35:00.00000049	5.7	2011-08-18 00:35:00	-73.982738	40.761270	-73.991242	40.750562	2
3	2012-04-21 04:30:42.0000001	7.7	2012-04-21 04:30:42	-73.987130	40.733143	-73.991567	40.758092	1
4	2010-03-09 07:51:00.000000135	5.3	2010-03-09 07:51:00	-73.968095	40.768008	-73.956655	40.783762	1

图 3-1

我们可以看到，数据集有 8 列，具体如下。

● key：这一列看上去和 pickup_datetime 列是一致的。该列可能是在数据库存储时作为唯一的标识符使用，我们可以放心地删除此列而不必担心丢失有用的信息。

● fare_amount：待预测的目标变量，行程结束后支付的费用。

● pickup_datetime：这一列包含了乘客上车的日期（年月日）和时间（时分秒）。

● pickup_longitude 和 pickup_latitude：乘客上车地点的经纬度。

● dropoff_longitude 和 dropoff_latitude：乘客下车地点的经纬度。

● passenger_count：乘客数量。

3.4.1 地理位置数据可视化

乘客上车地点和下车地点的经纬度数据对于预测打车费用至关重要。毕竟纽约市的出租车主要是根据行程距离进行计费的。

首先,我们要搞清楚经纬度的表示方法。经纬度是地理坐标系中的坐标。大体上讲,经纬度使我们可以用一组坐标精确地表示地球上的某个具体位置。

经纬度坐标系统如图 3-2 所示。

如果我们将地球看作一个散点图,那么经度和纬度就是坐标轴。地球上的任意地点就类似于散点图上的一个点。实际上,现在就可以实践一下,让我们在散点图上绘制出乘客上车地点和下车地点的经纬度坐标吧。

图 3-2

首先,将数据点的范围限制在纽约市内。纽约市的经度范围为 −74.05～−73.75,纬度范围为 40.63～40.85:

```
# 纽约市的经度范围
nyc_min_longitude = -74.05
nyc_max_longitude = -73.75

# 纽约市的纬度范围
nyc_min_latitude = 40.63
nyc_max_latitude = 40.85

df2 = df.copy(deep=True)
for long in ['pickup_longitude', 'dropoff_longitude']:
    df2 = df2[(df2[long] > nyc_min_longitude) & (df2[long] <
    nyc_max_longitude)]

for lat in ['pickup_latitude', 'dropoff_latitude']:
    df2 = df2[(df2[lat] > nyc_min_latitude) & (df2[lat] <
    nyc_max_latitude)]
```

注意，我们把原始的 DataFrame（变量 df）复制到了新的 DataFrame（变量 df2）中，这样可以避免原始数据被覆盖。

现在，定义一个新的函数，它的输入是 DataFrame，然后在散点图上绘制乘客上车地点的坐标。我们同时也会在散点图上绘制出纽约市的地标建筑。通过搜索引擎可以找到纽约市两个主要机场（纽约肯尼迪国际机场和拉瓜迪亚机场）的坐标，以及纽约市主要区域的坐标。具体数据如下：

```
landmarks = {'JFK Airport': (-73.78, 40.643),
             'Laguardia Airport': (-73.87, 40.77),
             'Midtown': (-73.98, 40.76),
             'Lower Manhattan': (-74.00, 40.72),
             'Upper Manhattan': (-73.94, 40.82),
             'Brooklyn': (-73.95, 40.66)}
```

下面是我们定义的函数，它使用 matplotlib 绘制上述坐标点及其散点图：

```
import matplotlib.pyplot as plt

def plot_lat_long(df, landmarks, points='Pickup'):
    plt.figure(figsize = (12,12)) # set figure size
    if points == 'pickup':
        plt.plot(list(df.pickup_longitude), list(df.pickup_latitude),
        '.', markersize=1)
    else:
        plt.plot(list(df.dropoff_longitude), list(df.dropoff_latitude),
        '.', markersize=1)

    for landmark in landmarks:
        plt.plot(landmarks[landmark][0], landmarks[landmark][1],
        '*',markersize=15, alpha=1, color='r')
        plt.annotate(landmark, (landmarks[landmark][0]+0.005,
        landmarks[landmark][1]+0.005), color='r',backgroundcolor='w')

    plt.title("{} Locations in NYC Illustrated".format(points))
    plt.grid(None)
    plt.xlabel("Latitude")
    plt.ylabel("Longitude")
    plt.show()
```

调用刚才定义的函数：

```
plot_lat_long(df2, landmarks, points='Pickup')
```

上客点位置的可视化结果如图 3-3 所示。

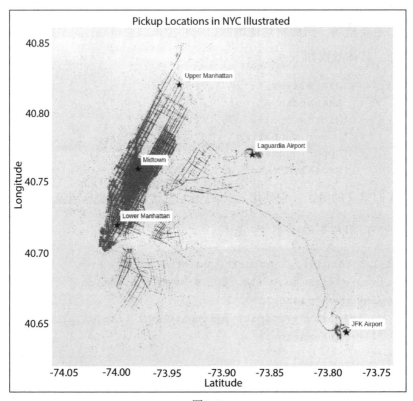

图 3-3

很漂亮，不是吗？在散点图上绘制出乘客上车点的位置，就能够清晰地看到纽约市的轮廓以及纽约市的那些著名的街道。从图 3-3 中我们还可以观察到一些有用的信息，具体如下。

● 在曼哈顿，乘客上车地点主要集中于中城区（Midtown），随后是下曼哈顿区（Lower Manhattan）。相较而言，上曼哈顿区（Upper Manhattan）的上客数量要少很多。这个结果是合理的，因为上曼哈顿区是一个住宅区，而写字楼和旅游景点主要集中在中城区和下曼哈顿区。

- 在曼哈顿以外的地方，上客地点分布比较稀疏。只有拉瓜迪亚机场和纽约肯尼迪国际机场是个例外。

同样地，在散点图上绘制乘客下车点的坐标，看看有什么不同：

```
plot_lat_long(df2, landmarks, points='Drop Off')
```

散点图如图 3-4 所示。

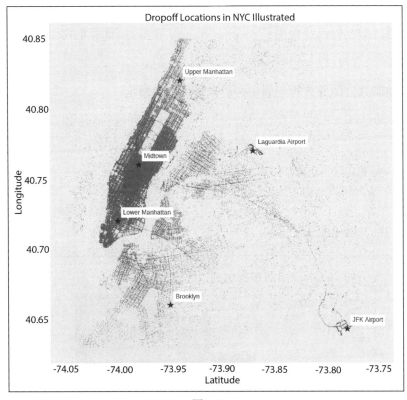

图 3-4

对比乘客上车和下车地点的散点图，我们可以清晰地看到，在上曼哈顿和布鲁克林这样的住宅区，乘客下车的数量明显多于上车的数量。赞！

3.4.2　全天及小时客流量

下面，让我们研究一下打车数量和时间的关系。

回忆一下原始数据中的 `pickup_datetime` 列，它是 `datetime` 格式的数据，包括上车的日期和时间。首先，我们将其分割为年、月、日、星期几、小时并创建新的列用于存放它们。

```
df['year'] = df['pickup_datetime'].dt.year
df['month'] = df['pickup_datetime'].dt.month
df['day'] = df['pickup_datetime'].dt.day
df['day_of_week'] = df['pickup_datetime'].dt.dayofweek
df['hour'] = df['pickup_datetime'].dt.hour
```

因为在导入数据时已经使用了 `parse_dates` 参数，因此我们可以使用 `dt` 函数非常方便地分割出年、月、日、小时。

现在，绘制直方图并分析一周中打车数量的分布情况：

```
import numpy as np
df['day_of_week'].plot.hist(bins=np.arange(8)-0.5, ec='black',ylim=
(60000,75000))
plt.xlabel('Day of Week (0=Monday, 6=Sunday)')
plt.title('Day of Week Histogram')
plt.show()
```

绘制出的直方图如图 3-5 所示。

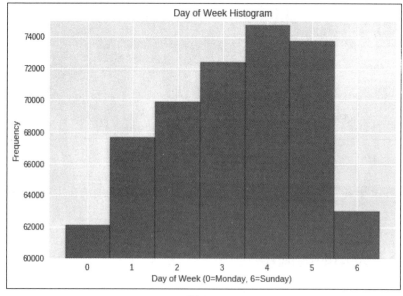

图 3-5

有趣的是，我们可以看到打车订单的数量并不是平均分布到每个工作日的。取而代之的是，从周一到周五，订单数量呈线性增长的趋势并在周五达到了顶峰。订单数在周六这一天仅有少量的下降，而周日的数量则下降得十分明显。

也可以将订单数量和时间的关系绘制出来：

```
df['hour'].plot.hist(bins=24, ec='black')
plt.title('Pickup Hour Histogram')
plt.xlabel('Hour')
plt.show()
```

从图 3-6 所示的直方图中可以观察乘客上车时间的分布情况。

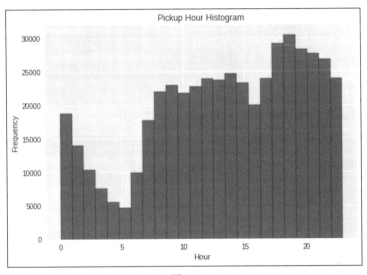

图 3-6

从图 3-6 中可以看到，晚高峰时间相对于早高峰时间订单数量更多。实际上，一天中的订单数量是比较稳定的，从下午 6 点开始，乘客的数量开始增加，在晚上 7 点达到高峰，之后从晚上 11 点开始下降。

3.5 数据预处理

回忆一下之前的项目，我们进行了数据预处理操作，包括消除缺失数据并处理其他数据异常等情况。在本项目中同样也需要做这些处理。此外我们还会在训练神经网络之前实施特征工程，通过特征工程来增强特征的质量和数量。

处理缺失值和数据异常

首先检查数据集中是否包含缺失值：

```
print(df.isnull().sum())
```

输出结果显示了每列中包含的缺失值的个数，如图 3-7 所示。

可以看到，50 万行数据中只有 5 行数据包含缺失值。由于缺失值数量只占总体的 0.001%，看上去问题不大。继续处理，将包含缺失值的 5 行数据删除：

```
df = df.dropna()
```

```
key                   0
fare_amount           0
pickup_datetime       0
pickup_longitude      0
pickup_latitude       0
dropoff_longitude     5
dropoff_latitude      5
passenger_count       0
dtype: int64
```

图 3-7

此时，我们还需要检查是否有离群数据。对于大型数据集，一定会有超过合理范围的数据，这些数据会对模型产生负面影响。让我们打印出数据集的统计结果，并观察数据分布情况：

```
print(df.describe())
```

describe 方法的输出结果如图 3-8 所示。

	fare_amount	pickup_longitude	pickup_latitude	dropoff_longitude	dropoff_latitude	passenger_count
count	499995.000000	499995.000000	499995.000000	499995.000000	499995.000000	499995.000000
mean	11.358182	-72.520091	39.920350	-72.522435	39.916526	1.683445
std	9.916069	11.856446	8.073318	11.797362	7.391002	1.307391
min	-44.900000	-2986.242495	-3116.285383	-3383.296608	-2559.748913	0.000000
25%	6.000000	-73.992047	40.734916	-73.991382	40.734057	1.000000
50%	8.500000	-73.981785	40.752670	-73.980126	40.753152	1.000000
75%	12.500000	-73.967117	40.767076	-73.963572	40.768135	2.000000
max	500.000000	2140.601160	1703.092772	40.851027	404.616667	6.000000

图 3-8

数据集中最低的打车费用为−44.90 美元。这不合理，打车费不可能是负数！同样，最高的打车费用为 500 美元。抢钱吗？还是计价器出故障了？绘制出费用的直方图可以帮助我们更好地理解数据集的分布情况：

```
df['fare_amount'].hist(bins=500)
plt.xlabel("Fare")
plt.title("Histogram of Fares")
plt.show()
```

得到的直方图如图 3-9 所示。

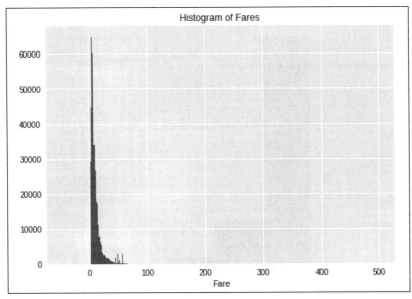

图 3-9

看上去超出合理范围的数据并不多，所以我们可以放心地将它们移除。可以从直方图上看出的另外一个有趣的现象是，打车费用在 50 美元左右出现了明显的峰值。当目的地是某些特定地点时会实施固定费用吗？有些城市对于来往于机场的行程实施固定费用。通过搜索可以确认，来往于肯尼迪国际机场的行程实施单一票制，加上过路费的行程总费用为 52 美元。这可能是 50 美元附近出现峰值的原因之一。在后续进行特征工程时，我们要记住这一特点。

现在，先将小于 0 或大于 100 美元的数据移除：

```
df = df[(df['fare_amount'] >=0) & (df['fare_amount'] <= 100)]
```

从图 3-8 中可以看到，passenger_count 列中也有离群值。绘制出乘客数量的直方图并观察其分布：

```
df['passenger_count'].hist(bins=6, ec='black')
plt.xlabel("Passenger Count")
plt.title("Histogram of Passenger Count")
plt.show()
```

输出的直方图如图 3-10 所示。

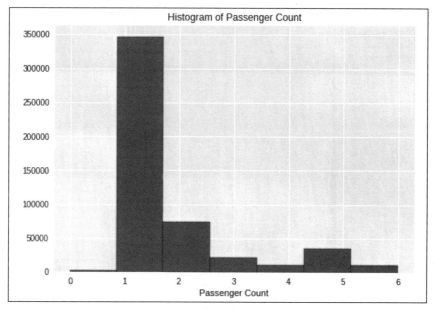

图 3-10

可以看到有少部分数据包含 0 个乘客这样的离群值。这里我们使用乘客的众数（1 个乘客）来替换这些离群值，而不是直接将它们删除：

```
df.loc[df['passenger_count']==0, 'passenger_count'] = 1
```

 也可以直接将离群值全部删除，因为受影响的数据并不多。但是我们没有这么做，而是使用众数替换它。两种方法都是有效的，选择后者是为了向你说明利用直方图对数据集进行可视化的重要性，它可以帮助我们找到离群值和众数。

接下来研究乘客上车地点和下车地点的经纬度，观察是否有离群值。在 3.4 节中进行数据可视化的时候，我们绘制散点图时要求数据点的经纬度必须在纽约市范围内。

现在，去除这个限制再画散点图：

```
df.plot.scatter('pickup_longitude', 'pickup_latitude')
plt.show()
```

新得到的散点图如图 3-11 所示。

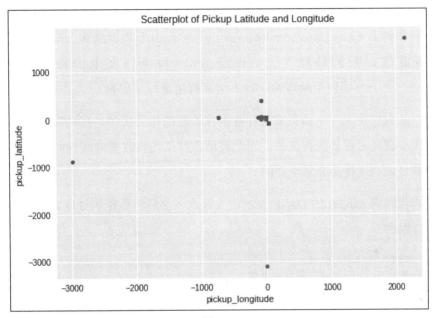

图 3-11

你能发现离群值在哪吗？散点图边缘处的点就是离群值。它们的纬度高达 1000 或低于−3000。地理坐标系中并没有这样极端的经纬度坐标！移除这些离群值：

```
# 纽约市的经度范围
nyc_min_longitude = -74.05
nyc_max_longitude = -73.75

# 纽约市的纬度范围
nyc_min_latitude = 40.63
nyc_max_latitude = 40.85

# 仅考虑纽约市范围内的地点
for long in ['pickup_longitude', 'dropoff_longitude']:
```

```
df = df[(df[long] > nyc_min_longitude) & (df[long] <
nyc_max_longitude)]

for lat in ['pickup_latitude', 'dropoff_latitude']:
    df = df[(df[lat] > nyc_min_latitude) & (df[lat] <
    nyc_max_latitude)]
```

现在总结一下数据预处理过程中我们做了哪些工作。首先我们观察到缺失数据仅占总数据的 0.001%，因此我们可以放心地移除这些数据而不必担心影响训练数据的质量。然后，我们看到了 fare_amount、passenger_count 以及乘客上车点和下车点经纬度中的离群值。我们移除了 fare_amount 和经纬度中的离群值，而对于 passenger_count 则使用乘客的众数 1 对离群值进行了替换。

现在，让我们定义一个函数来进行数据预处理的相关操作。在机器学习项目中，如此多的操作步骤有时候会变得失控。因此遵循软件工程实践准则（例如代码模块化）对保证你的项目顺利进行是非常重要的。

下面的代码将 pandas 的 DataFrame 作为输入，然后将数据预处理之后的 DataFrame 作为返回值返回：

```
def preprocess(df):
    # 移除 DataFrame 中的缺失数据
    def remove_missing_values(df):
        df = df.dropna()
        return df

    # 移除 fare amount 中的离群点
    def remove_fare_amount_outliers(df, lower_bound, upper_bound):
        df = df[(df['fare_amount'] >= lower_bound) &
        (df['fare_amount'] <= upper_bound)]
        return df

    # 使用众数替换乘客数量中的离群值
    def replace_passenger_count_outliers(df):
        mode = df['passenger_count'].mode()
        df.loc[df['passenger_count'] == 0, 'passenger_count'] = mode
        return df

    # 移除经纬度中的离群点
```

```
def remove_lat_long_outliers(df):
    # 纽约市的经度范围
    nyc_min_longitude = -74.05
    nyc_max_longitude = -73.75
    # 纽约市的纬度范围
    nyc_min_latitude = 40.63
    nyc_max_latitude = 40.85
    # 仅考虑纽约市范围内的地点
    for long in ['pickup_longitude', 'dropoff_longitude']:
        df = df[(df[long] > nyc_min_longitude) &
        (df[long] < nyc_max_longitude)]
    for lat in ['pickup_latitude', 'dropoff_latitude']:
        df = df[(df[lat] > nyc_min_latitude) &
        (df[lat] < nyc_max_latitude)]
    return df

df = remove_missing_values(df)
df = remove_fare_amount_outliers(df, lower_bound = 0,upper_bound = 100)
df = replace_passenger_count_outliers(df)
df = remove_lat_long_outliers(df)
return df
```

我们把这个函数保存在项目文件夹中的 utils.py 文件中。然后，为了调用这个函数进行数据预处理，我们需要 from utils import preprocess，才能够访问该函数。这使得我们的代码简洁且便于维护！

3.6 特征工程

之前在第 2 章中已经简要介绍过特征工程，在特征工程中我们会利用一个人的专业知识来创建新的特征以用于机器学习算法。在本节中，我们会基于打车订单的日期、时间和位置相关特征创建新的特征。

3.6.1 时空特征

正如在 3.4 节中看到的那样，订单量和星期几以及一天中的时段是强相关的。

让我们通过下面的命令看看 pickup_datetime 列的数据格式：

```
print(df.head()['pickup_datetime'])
```

输出结果如图 3-12 所示。

```
0    2009-06-15 17:26:21
1    2010-01-05 16:52:16
2    2011-08-18 00:35:00
3    2012-04-21 04:30:42
4    2010-03-09 07:51:00
Name: pickup_datetime, dtype: datetime64[ns]
```

图 3-12

还记得吗？神经网络需要数值类型的特征。因此我们不能使用 datetime 字符串训练模型。把 pickup_datetime 列拆分为 year、month、day、day_of_week 和 hour：

```
df['year'] = df['pickup_datetime'].dt.year
df['month'] = df['pickup_datetime'].dt.month
df['day'] = df['pickup_datetime'].dt.day
df['day_of_week'] = df['pickup_datetime'].dt.dayofweek
df['hour'] = df['pickup_datetime'].dt.hour
```

打印出新创建的列并观察：

```
print(df.loc[:5,['pickup_datetime', 'year', 'month', 'day', 'day_of_week',
                 'hour']])
```

输出结果如图 3-13 所示。

	pickup_datetime	year	month	day	day_of_week	hour
0	2009-06-15 17:26:21	2009	6	15	0	17
1	2010-01-05 16:52:16	2010	1	5	1	16
2	2011-08-18 00:35:00	2011	8	18	3	0
3	2012-04-21 04:30:42	2012	4	21	5	4
4	2010-03-09 07:51:00	2010	3	9	1	7
5	2011-01-06 09:50:45	2011	1	6	3	9

图 3-13

可以看到，新的列以适合神经网络的数据格式保留了 pickup_datetime 列中的信息。现在可以从 DataFrame 中删除 pickup_datetime 列了：

```
df = df.drop(['pickup_datetime'], axis=1)
```

3.6.2 地理位置特征

之前我们看到，数据集中包含了乘客上车地点和下车地点的坐标。但是，数据集中并不包含这两点之间的距离，而这个距离是计算出租车费用非常重要的因素。因此，我们需要计算出两点之间的距离并将其作为新的特征。

回忆一下几何课上学过的欧几里得距离（Euclidean Distance），它指的是两点之间的直线距离：

$$\text{Euclidenn Distance} = \sqrt{(x_2 - x_1)^2 + (y_2 - y_1)^2}$$

定义一个函数来计算两点之间的欧几里得距离，两个点的坐标由经纬度指定：

```
def euc_distance(lat1, long1, lat2, long2):
    return(((lat1-lat2)**2 + (long1-long2)**2)**0.5)
```

将 DataFrame 传入该函数并创建新的距离（distance）列：

```
df['distance'] = euc_distance(df['pickup_latitude'],df['pickup_longitude'],
                              df['dropoff_latitude'],df['dropoff_longitude'])
```

我们之前的假设是，行程费用和行程距离是密切相关的。现在可以在散点图上绘制出这两个变量来分析它们的相关性，看看我们的直觉是否正确：

```
df.plot.scatter('fare_amount', 'distance')
plt.show()
```

得到的散点图如图 3-14 所示。

不错！显然我们的假设是正确的。不过，行程距离并不是影响费用的唯一因素。在图表的中部我们可以看到一些垂直线，这些数据似乎表明对于某些行程，距离并不对打车费用产生影响。（这些点所对应的打车费用在 40 美元和 60 美元之间）。回忆一下，在 4.3 节中，有一些机场附近的订单，这些订单实行单一票制，行程费用加过路费共计 52 美元。这可以解释 40 美元和 60 美元之间的垂直线。

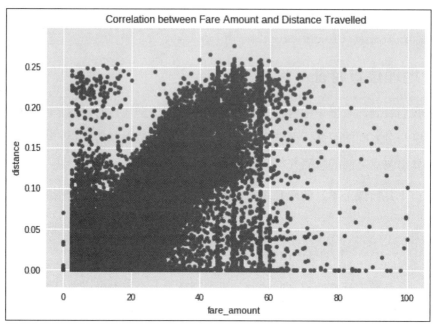

图 3-14

显然，我们必须创建一个新的特征来告知神经网络，乘客上车地点、下车地点与纽约三大主要机场之间的距离。当我们基于这个特征训练模型的时候，模型要能够知道如果乘客在机场附近上车或下车，则本次订单应实行单一票制，费用在 40 美元到 60 美元之间。

使用前面定义的 euc_distance 函数计算上客点和下客点到纽约三大机场的距离：

```
airports = {'JFK_Airport': (-73.78,40.643),
            'Laguardia_Airport': (-73.87, 40.77),
            'Newark_Airport' : (-74.18, 40.69)}

for airport in airports:
    df['pickup_dist_' + airport] = euc_distance(df['pickup_latitude'],
    df['pickup_longitude'], airports[airport][1], airports[airport][0])
    df['dropoff_dist_' + airport] = euc_distance(df['dropoff_latitude'],
    df['dropoff_longitude'], airports[airport][1], airports[airport][0])
```

打印数据集中前面几行以及相关的列，确认欧几里得距离计算函数的执行结果符合我们的预期：

```
print(df[['key', 'pickup_longitude', 'pickup_latitude',
          'dropoff_longitude', 'dropoff_latitude',
          'pickup_dist_JFK_Airport','dropoff_dist_JFK_Airport']].head())
```

输出结果如图 3-15 所示。

	key	pickup_longitude	pickup_latitude	dropoff_longitude	dropoff_latitude	pickup_dist_JFK_Airport	dropoff_dist_JFK_Airport
0	2009-06-15 17:26:21.0000001	-73.844311	40.721319	-73.841610	40.712278	0.101340	0.092710
1	2010-01-05 16:52:16.0000002	-74.016048	40.711303	-73.979268	40.782004	0.245731	0.242961
2	2011-08-18 00:35:00.00000049	-73.982738	40.761270	-73.991242	40.750562	0.234714	0.237050
3	2012-04-21 04:30:42.0000001	-73.987130	40.733143	-73.991567	40.758092	0.225895	0.240846
4	2010-03-09 07:51:00.000000135	-73.968095	40.768008	-73.956655	40.783762	0.225847	0.225878

图 3-15

我们可以针对上述几行数据,用人工的方式快速地计算出欧几里得距离,确保我们定义的欧几里得距离计算函数的计算结果是正确的。最后,注意数据集中还包含一个 key 列。这一列和 pickup_datetime 列中的内容是相同的,它的作用可能是在数据库存储时作为唯一的标识符。我们可以放心地删除这一列,不用担心丢失什么有用的信息。为了删除 key 列,需要使用下面的命令:

```
df = df.drop(['key'], axis=1)
```

总结一下本节内容。利用特征工程,我们基于个人对该问题所具有的专业知识构建了新的特征。从原始数据集的时间信息中提取了年、月、日、星期几和小时。我们还构建了和距离相关的特征,因为行程距离对于预测费用是至关重要的。例如乘客上车地点和下车地点之间的距离,以及上车地点、下车地点与纽约三大机场之间的距离。

和 3.5 节类似,我们要创建一个函数来依次执行特征工程中的各个步骤。这种代码模块化的方法可以帮助我们创建易于管理的代码:

```
def feature_engineer(df):
    # 为年、月、日、星期几和小时创建新的列
    def create_time_features(df):
        df['year'] = df['pickup_datetime'].dt.year
        df['month'] = df['pickup_datetime'].dt.month
        df['day'] = df['pickup_datetime'].dt.day
        df['day_of_week'] = df['pickup_datetime'].dt.dayofweek
        df['hour'] = df['pickup_datetime'].dt.hour
```

```
        df = df.drop(['pickup_datetime'], axis=1)
        return df

    # 计算欧几里得距离的函数
    def euc_distance(lat1, long1, lat2, long2):
        return(((lat1-lat2)**2 + (long1-long2)**2)**0.5)

    # 为行程距离创建新的列
    def create_pickup_dropoff_dist_features(df):
        df['travel_distance'] = euc_distance(df['pickup_latitude'],
        df['pickup_longitude'], df['dropoff_latitude'],df['dropoff_longitude'])
        return df

    # 为相对于机场的距离创建新的列
    def create_airport_dist_features(df):
        airports = {'JFK_Airport': (-73.78,40.643),
                    'Laguardia_Airport': (-73.87, 40.77),
                    'Newark_Airport' : (-74.18, 40.69)}
        for k in airports:
            df['pickup_dist_'+k]=euc_distance(df['pickup_latitude'],
            df['pickup_longitude'], airports[k][1], airports[k][0])
            df['dropoff_dist_'+k]=euc_distance(df['dropoff_latitude'],
            df['dropoff_longitude'], airports[k][1], airports[k][0])
        return df

    df = create_time_features(df)
    df = create_pickup_dropoff_dist_features(df)
    df = create_airport_dist_features(df)
    df = df.drop(['key'], axis=1)
    return df
```

3.7　特征缩放

　　作为数据预处理的最后一步，我们需要在特征传入神经网络前对其进行缩放。回忆一下第 2 章，缩放操作能够确保所有的特征具有统一的标度范围。这样做可以确保具有更大数据范围的特征（例如年的数值范围大于 2000）不会相对于数据范围较小的特征占有主导地位（例如乘客数量为 1～6）。

在对 DataFrame 进行缩放之前，为缩放前的数据创建一个副本是一个好习惯。特征值在缩放后会改变（例如 2010 年可能会在缩放后被变换为–0.134），这在我们需要表示对应特征时可能会带来不便，因此保存一个副本可以方便随时引用原始数据：

```
df_prescaled = df.copy()
```

在缩放前，需要丢弃目标变量——费用（fare_amount），因为我们不希望改变目标变量的值：

```
df_scaled = df.drop(['fare_amount'], axis=1)
```

然后，调用 scikit-learn 中的 scale 函数进行缩放操作：

```
from sklearn.preprocessing import scale

df_scaled = scale(df_scaled)
```

最后，将 scale 函数返回的对象转换为 pandas 的 DataFrame，同时将缩放前丢弃的 fare_amount 合并进数据集：

```
cols = df.columns.tolist()
cols.remove('fare_amount')
df_scaled = pd.DataFrame(df_scaled, columns=cols, index=df.index)
df_scaled = pd.concat([df_scaled, df['fare_amount']], axis=1)
df = df_scaled.copy()
```

3.8　深度前馈网络

至此，我们已经对数据集进行了多种可视化操作，并通过处理离群点对数据集进行了清理。同时我们还通过特征工程为模型创建了新的有用的特征。在本章的后续部分，我们会介绍深度前馈神经网络的模型结构，然后利用 Keras 训练一个神经网络模型以解决回归问题。

3.8.1　模型结构

在第 2 章中，我们使用了一个相对比较简单的多层感知机（MLP）模型作为神经网络。而对于本项目，由于特征更多，我们需要一个更深的神经网络来处理特征增加带来的复杂度。深度前馈神经网络包含 4 个隐藏层。第一层包括 128 个节点，后续的每一层的节点数量相对于前面一层减半。这种维度的神经网络对于我们来说比较好上手，因为训练时间不会太长。经验表明，我们应该从小的神经网络开始，并仅在需要时增加神经网络的复杂度（维度）。

在每两个相邻的隐藏层之间，我们使用 ReLU 激活函数向模型引入非线性因素。因为这是一个回归问题，所以输出层只包含一个节点（下一节我们会详细介绍回归问题）。注意，我们并不对输出层应用 ReLU 激活函数，因为这么做会改变预测结果。

深度前馈神经网络的模型结构如图 3-16 所示。

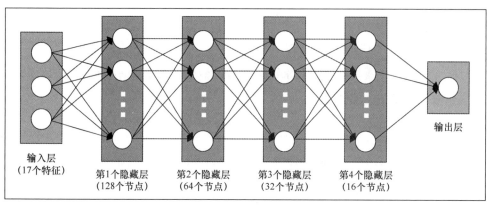

图 3-16

3.8.2   回归问题的损失函数

明确什么是回归问题以及它对模型结构有什么影响是很重要的。本项目的目标是预测出租车的打车费用，这是一个连续变量。我们可以将其与第 2 章的预测糖尿病的分类问题进行对比，在第 2 章中，我们设计了一个神经网络，输出一个二元的预测结果（1 或 0），标识病人是否患有糖尿病。

从另外一个角度来对比回归问题和分类问题。在回归问题中，我们尝试预测一个连续变量的值（例如费用、时间或高度），而在分类问题中，我们尝试预测一个类别（例如患有糖尿病或不患有糖尿病）。

回忆一下，在第 2 章中，我们使用准确率来作为预测是否准确的评估标准。在回归问题中，均方根误差（Root Mean Square Error，RMSE）是最常使用的误差评估标准。

均方差公式如下：

$$\text{RMSE} = \sqrt{(\text{预测值} - \text{实际值})^2}$$

注意，公式中对预测值和实际值的差值进行平方。这么做的目的是确保对目标变量过高或过低估计时产生的惩罚值是相同的（因为两者的误差平方值是相同的）。同时我们取结果的均方根以保证误差的数量级和实际结果相近。均方根误差可以作为神经网络的损失函数，使得神经网络在训练过程中不断修改权重，并依此减小其预测误差。

3.9　使用 Keras 构建模型

现在，让我们在 Keras 中实现神经网络模型的结构。和上一个项目类似，我们会使用 Keras 中的 Sequential 类来逐层构建模型。

首先，将 DataFrame 分割为训练特征（X）和目标变量（y）：

```
X = df.loc[:, df.columns != 'fare_amount']
y = df.loc[:, 'fare_amount']
```

然后，将数据集分割为训练数据集（80%）和测试数据集（20%）：

```
from sklearn.model_selection import train_test_split

X_train, X_test, y_train, y_test = train_test_split(X, y, test_size=0.2)
```

随后，根据之前绘制的神经网络结构，在 Keras 中构建一个顺序（Sequential）模型：

```
from keras.models import Sequential
from keras.layers import Dense

model = Sequential()
model.add(Dense(128, activation= 'relu', input_dim=X_train.shape[1]))
model.add(Dense(64, activation= 'relu'))
model.add(Dense(32, activation= 'relu'))
```

```
model.add(Dense(8, activation= 'relu'))
model.add(Dense(1))
```

在开始训练模型之前，检查一下模型结构是一个好习惯：

```
model.summary()
```

summary 函数打印出一个表格，该表格包含了模型的层数、每一层所包含的节点数以及每一层的参数个数（即权重和偏差数）。我们可以将其与之前绘制的模型结构图（见图 3-16）对比，确认两者是否一致。

summary 函数的输出结果如图 3-17 所示。

```
Layer (type)                 Output Shape              Param #
=================================================================
dense_1 (Dense)              (None, 128)               2304
_____
dense_2 (Dense)              (None, 64)                8256
_____
dense_3 (Dense)              (None, 32)                2080
_____
dense_4 (Dense)              (None, 8)                 264
_____
dense_5 (Dense)              (None, 1)                 9
=================================================================
Total params: 12,913
Trainable params: 12,913
Non-trainable params: 0
_____
```

图 3-17

最后，编译模型并基于训练数据训练神经网络：

```
model.compile(loss='mse', optimizer='adam', metrics=['mse'])
model.fit(X_train, y_train, epochs=1)
```

数据量很大，训练神经网络需要花费一些时间。Keras 会在训练结束后打印统计信息，如图 3-18 所示。

```
Epoch 1/1
386741/386741 [==============================] - 106s 275us/step - loss: 15.4968 - mean_squared_error: 15.4968
<keras.callbacks.History at 0x7fef288532b0>
```

图 3-18

3.10 结果分析

模型已经训练完成，让我们使用它进行一些预测以便了解其准确率。

我们可以创建一个函数，在测试数据集中取随机样本进行预测：

```
def predict_random(df_prescaled, X_test, model):
    sample = X_test.sample(n=1, random_state=np.random.randint(low=0,
    high=10000))
    idx = sample.index[0]
    actual_fare = df_prescaled.loc[idx,'fare_amount']
    day_names = ['Monday', 'Tuesday', 'Wednesday', 'Thursday', 'Friday',
    'Saturday', 'Sunday']
    day_of_week = day_names[df_prescaled.loc[idx,'day_of_week']]
    hour = df_prescaled.loc[idx,'hour']
    predicted_fare = model.predict(sample)[0][0]
    rmse = np.sqrt(np.square(predicted_fare-actual_fare))

    print("Trip Details: {}, {}:00hrs".format(day_of_week, hour))
    print("Actual fare: ${:0.2f}".format(actual_fare))
    print("Predicted fare: ${:0.2f}".format(predicted_fare))
    print("RMSE: ${:0.2f}".format(rmse))
```

predict_random 函数会从测试数据集中抽取随机数据并将其输入到神经网络中进行预测。同时这个函数还会计算并打印本次预测的均方根误差。注意，我们需要 df_prescaled 来提供原始的时间信息，因为测试数据集中的数据已经进行了转化，从而失去了人类可读的形式（例如星期几变成了−0.018778，看上去让人摸不着头脑）。

执行 predict_random函数，看看能得到什么样的结果：

```
predict_random(df_prescaled, X_test, model)
```

有关本次行程的具体信息输出如下：

```
Trip Details: Sunday, 10:00hrs
Actual fare: $4.90
Predicted fare: $5.60
RMSE: $0.70
```

详细的行程信息如图 3-19 所示。

图 3-19

在图 3-19 中，乘客的上车地点和下车地点被标记在地图上。实际打车费用（Actual fare）是 4.90 美元，而模型预测的打车费用（Predicted fare）是 5.60 美元，误差为 0.70 美元。看上去模型还不错，预测结果很准确！注意，图 3-19 中的行驶路径仅用于可视化，并不是数据集或项目代码的一部分。

再运行几次 predict_random 函数，结果如图 3-20 所示。

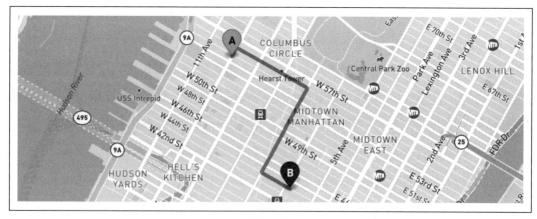

图 3-20

predict_random 函数的输出结果如下：

```
Trip Details: Wednesday, 7:00hrs
Actual fare: $6.10
```

```
Predicted fare: $6.30
RMSE: $0.20
```

对本次行程的预测相当准确!实际打车费用为 6.10 美元而我们的预测结果是 6.30 美元。看上去我们的神经网络在预测短途行程时准确率相当不错。

让我们看看对于行程较远的订单,这种情况下更易发生交通拥堵,如图 3-21 所示。

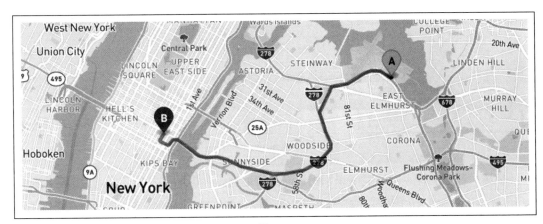

图 3-21

predict_random 函数的输出结果如下:

```
Trip Details: Monday, 10:00hrs
Actual fare: $35.80
Predicted fare: $38.11
RMSE: $2.31
```

从这个例子可以看出,我们的神经网络对于长距离行程也能较好地预测其费用。实际费用为 35.80 美元而模型预测结果为 38.11 美元。误差为 2.31 美元(差异约 6%)。考虑到行程比较长,这样的预测结果也还可以接受。

最后一个例子,让我们看看对于单一票制的行程模型表现如何,如图 3-22 所示。回忆一下,来往于肯尼迪国际机场的行程实行单一票制,不论行程距离为多少,加上过路费都是 52 美元。

由 predict_random 函数输出的行程具体信息如下:

```
Trip Details: Saturday, 23:00hrs
```

```
Actual fare: $52.00
Predicted fare: $53.55
RMSE: $1.55
```

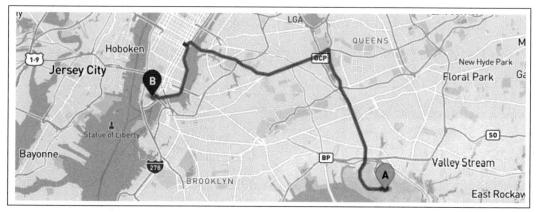

图 3-22

很棒！我们的神经网络能够识别出这是从肯尼迪国际机场出发的订单，因此费用接近于 52 美元。这都归功于特征工程，通过特征工程我们创建了新的特征，用于表示乘客上车地点和下车地点相对于肯尼迪国际机场的距离。这些新的特征可以使我们的神经网络学习到来往于肯尼迪国际机场的订单费用应该接近 52 美元。这充分反映出了特征工程的重要性。

最后，让我们分别计算训练数据集和测试数据集的均方根误差：

```python
from sklearn.metrics import mean_squared_error

train_pred = model.predict(X_train)
train_rmse = np.sqrt(mean_squared_error(y_train, train_pred))

test_pred = model.predict(X_test)
test_rmse = np.sqrt(mean_squared_error(y_test, test_pred))

print("Train RMSE: {:0.2f}".format(train_rmse))
print("Test RMSE: {:0.2f}".format(test_rmse))
```

输出结果如图 3-23 所示。

```
Train RMSE: 3.52
Test RMSE: 3.55
```

图 3-23

从均方根误差值来看，模型预测费用的误差大约是 3.50 美元。

3.11　综合应用

这一章到目前为止，我们已经完成了很多工作。快速总结一下目前已经完成的代码吧。

我们首先定义了用于数据预处理的函数，`preprocess`函数接收 DataFrame 作为输入然后进行如下操作：

- 移除缺失值；
- 移除费用中的离群值；
- 用乘客数量的众数替代乘客数量中的离群值；
- 移除经纬度中的离群值（只考虑纽约市范围内的点）。

这个函数保存在项目目录下的 `utils.py` 文件中。

然后，我们定义了 `feature_engineer` 函数，该函数用于进行特征工程。这个函数接收 DataFrame 作为输入然后进行如下操作：

- 为年、月、日、星期几和小时创建新的列；
- 计算乘客上车点和下车点之间的欧几里得距离并为其创建新的列；
- 计算乘客上车点和下车点相对于纽约三大机场的距离并为其创建新的列。

这个函数同样保存在项目目录下的 `utils.py` 文件中。

至此，我们已经创建好了全部的辅助函数，可以开始开发神经网络的主体代码了。创建一个 Python 文件 `main.py` 用于存放神经网络的主体代码。

首先，导入必要的模块：

```
from utils import preprocess, feature_engineer
import pandas as pd
import numpy as np
```

```
from sklearn.preprocessing import scale
from sklearn.model_selection import train_test_split
from keras.models import Sequential
from keras.layers import Dense
from sklearn.metrics import mean_squared_error
```

然后，导入 500000 行原始数据：

```
df = pd.read_csv('NYC_taxi.csv', parse_dates=['pickup_datetime'],
nrows=500000)
```

调用之前定义的函数，以进行数据预处理操作和特征工程：

```
df = preprocess(df)
df = feature_engineer(df)
```

随后，对特征进行缩放：

```
df_prescaled = df.copy()
df_scaled = df.drop(['fare_amount'], axis=1)
df_scaled = scale(df_scaled)
cols = df.columns.tolist()
cols.remove('fare_amount')
df_scaled = pd.DataFrame(df_scaled, columns=cols, index=df.index)
df_scaled = pd.concat([df_scaled, df['fare_amount']], axis=1)
df = df_scaled.copy()
```

将数据集分割为训练数据集和测试数据集：

```
X = df.loc[:, df.columns != 'fare_amount']
y = df.fare_amount
X_train, X_test, y_train, y_test = train_test_split(X, y, test_size=0.2)
```

在 Keras 中训练深度前馈神经网络：

```
model=Sequential()
model.add(Dense(128, activation= 'relu', input_dim=X_train.shape[1]))
model.add(Dense(64, activation= 'relu'))
model.add(Dense(32, activation= 'relu'))
model.add(Dense(8, activation= 'relu'))
model.add(Dense(1))
model.compile(loss='mse', optimizer='adam', metrics=['mse'])
model.fit(X_train, y_train, epochs=1)
```

最终，对结果进行分析：

```
train_pred = model.predict(X_train)
train_rmse = np.sqrt(mean_squared_error(y_train, train_pred))
test_pred = model.predict(X_test)
test_rmse = np.sqrt(mean_squared_error(y_test, test_pred))
print("Train RMSE: {:0.2f}".format(train_rmse))
print("Test RMSE: {:0.2f}".format(test_rmse))

def predict_random(df_prescaled, X_test, model):
    sample = X_test.sample(n=1, random_state=np.random.randint(low=0,
                                                        high=10000))
    idx = sample.index[0]

    actual_fare = df_prescaled.loc[idx,'fare_amount']
    day_names = ['Monday','Tuesday','Wednesday','Thursday','Friday',
                 'Saturday', 'Sunday']
    day_of_week = day_names[df_prescaled.loc[idx,'day_of_week']]
    hour = df_prescaled.loc[idx,'hour']
    predicted_fare = model.predict(sample)[0][0]
    rmse = np.sqrt(np.square(predicted_fare-actual_fare))

    print("Trip Details: {}, {}:00hrs".format(day_of_week, hour))
    print("Actual fare: ${:0.2f}".format(actual_fare))
    print("Predicted fare: ${:0.2f}".format(predicted_fare))
    print("RMSE: ${:0.2f}".format(rmse))

predict_random(df_prescaled, X_test, model)
```

以上就是全部的代码！注意，我们将用于数据预处理和特征工程的辅助函数存放在 utils.py 文件中，这使得主代码变得相当精练。通过对代码进行模块化处理，将辅助函数存放在单独的文件中，我们可以集中精力实现神经网络处理框架中的每一个步骤。

3.12　小结

在本章中，我们设计并实现了深度前馈神经网络，它可以预测纽约市的出租车费用，预测误差大约为 3.50 美元。首先，我们通过探索性数据分析，针对数据集中影响出租车费用的因素获取了有用的信息。基于这些信息，我们通过特征工程，利用我们关于该问题所具有的知识创建出新的特征。我们还介绍了模块化函数的概念，模块化可以让主代码保持简洁。

我们在 Keras 中创建了前馈神经网络模型并使用预处理过的数据对其进行训练。结果表明，不论是长途还是短途，我们的神经网络模型都可以做出相当准确的预测。即使是单一票制的行程，我们的神经网络模型也可以做出很准确的预测。

本章我们通过深度前馈神经网络处理回归预测问题。结合第 2 章的内容，我们展示了如何利用神经网络处理分类和回归问题。在第 4 章中，我们会介绍一种更加复杂的神经网络，它们主要应用于计算机视觉项目。

3.13　习题

1．问：pandas 读取 CSV 文件时，它是如何识别出某一列是否是 Datetime 类型呢？

答：我们可以在使用 pandas 提供的 `read_csv` 函数读取 CSV 文件时，指定 `parse_dates` 参数。

2．问：假定我们有一个名为 df 的 DataFrame 变量，如何过滤让它只选择某个范围内的数据呢？假设我们希望选取所有高度值在 $160\sim180$ 的行。

答：我们可以通过如下方式过滤 DataFrame：

```
df = df[(df['height'] >= 160) & (df['height'] <= 180)]
```

上述操作可以返回高度值为 $160\sim180$ 的行所组成的新的 DataFrame。

3．问：如何使用代码模块化的方法来组织神经网络项目代码？

答：我们可以使用模块化的代码片段来分割不同功能的函数。例如，本项目中我们在 utils.py 文件中定义了 `preprocess` 和 `feature_engineer` 函数，这使得我们可以分别实现预处理和特征工程的功能。

4．问：回归问题和分类问题有什么不同？

答：在回归问题中，我们尝试预测连续变量的值（例如，出租车费用）；而在分类问题中，我们尝试预测类别（例如，患有糖尿病或者不患有糖尿病）。

5．问：对于回归问题，我们需要对输出层应用激活函数，这么说正确吗？

答：错误。对于回归问题，我们不能对输出层应用激活函数，因为这么做会对输出的结果进行变换，从而影响模型性能。

6．问：针对回归问题来训练神经网络时，通常会选择什么样的激活函数？

答：对于回归问题，均方根误差是最常见的激活函数。均方根误差计算出了预测值和实际值之间的绝对误差值。

第 4 章

是猫还是狗——使用卷积神经网络
进行图像分类

在本章中，我们会使用卷积神经网络（Convolutional Neural Network，CNN）来创建一个分类器，来判断给定图像中包含猫还是狗。

我们将会使用神经网络处理一系列的图像识别和机器视觉问题，本章介绍的项目是该系列问题中的第一个。我们将会看到神经网络已经被证明是解决计算机视觉问题的一个非常重要的工具。

本章包括以下内容：

- 我们尝试解决图像识别问题的动机；

- 计算机视觉领域中的神经网络和深度学习；

- 理解卷积神经网络和最大池化（max pooling）；

- 卷积神经网络的结构；

- 在 Keras 中训练卷积神经网络；

- 使用迁移学习（transfer learning）方法来利用前沿的神经网络模型；

- 结果分析。

4.1 技术需求

本章中需要的关键 Python 函数库如下：

- matplotlib 3.0.2；

- Keras 2.2.4；

- NumPy 1.15.2；

- Piexif 1.1.2。

把代码下载到你的计算机，你需要执行 `git clone` 命令。

下载完成后，会出现一个名字为 Neural-Network-Projects-with-Python 的文件夹，使用如下命令进入文件夹：

```
$ cd Neural-Network-Projects-with-Python
```

在虚拟环境中安装所需 Python 库请执行如下命令：

```
$ conda env create -f environment.yml
```

注意，在执行上述代码前，你首先需要在你的计算机上安装 Anaconda。

想进入虚拟环境，请执行下面的命令：

```
$ conda activate neural-network-projects-python
```

重要

本章需要额外导入一个图像处理库 `Piexif`。

下载 `Piexif`，请使用如下的命令：

```
$ pip install piexif
```

通过执行下面的命令进入 `Chapter04` 文件夹：

```
$ cd Chapter04
```

文件夹中包含以下文件。

- `main_basic_cnn.py`：这个文件包含了卷积神经网络的主要代码。

- `main_vgg16.py`：这个文件包含了 VGG16 网络的主要代码。

- `utils.py`：这个文件中包含了一些帮助我们实现神经网络的辅助代码。

- `visualize_dataset.py`：这个文件包含了探索性数据分析和数据可视化的相关代码。

- `image_augmentation.py`：这个文件包含了图像增强的相关示例代码。

运行神经网络代码，只需要通过如下命令执行 `main_basic_cnn.py` 和 `main_vgg16.py` 两个文件：

```
$ python main_basic_cnn.py
$ python main_vgg16.py
```

4.2 计算机视觉和目标识别

计算机视觉作为一个工程领域，它的目标是创建一个能够从图像中提取有意义信息的程序。坊间传言，计算机视觉首创于 20 世纪 60 年代，当时麻省理工学院的马文·明斯基（Marvin Minsky）教授给本科生布置了一个作业，要求学生在计算机上安装一个摄像头，进而使计算机能够描述它看到的任何事物。这个项目要求利用一个夏天的时间完成。很显然，一个夏天的时间并不够，计算机视觉是一个非常复杂的领域。直至今日，计算机科学家们仍在不断地研究该领域的问题。

早期的计算机视觉发展并不快。20 世纪 60 年代时，研究人员就开始创建能够从图像中识别出形状、线条和边缘的算法。随后的几十年中，我们看到了计算机视觉逐渐产生了很多子领域。研究人员开始着手信号处理、图像处理、计算机测光（computer photometry）和目标识别等领域的研究。

目标识别可能是计算机视觉最为广泛的应用场景。研究人员从事目标识别领域的研究已经有相当长的一段时间了。早期的目标识别研究员所面临的挑战主要是动态变换的物体外表使得计算机难以对其进行识别。早期计算机研究人员专注于使用模板匹配的方式进行目标识别，但是由于角度、光线和遮蔽的变化导致识别困难重重。

受益于神经网络和深度学习领域的发展，目标识别技术在近些年里呈现飞速增长的趋势。2012 年，阿莱克斯·克里泽夫斯基（Alex Krizhevsky）等人以绝对优势赢得了 ImageNet 大规模图像识别竞赛（ILSVRC）。阿莱克斯·克里泽夫斯基等人获胜的法宝便是使用卷积神经网络（被称为 AlexNet 的模型结构）进行目标识别。AlexNet 是目标识别领域的一项重要突破。从那时起，神经网络成为了解决目标识别和计算机视觉领域相关问题的首选方法。在本章的项目中，你将会创建一个类似于 AlexNet 的卷积神经网络。

目标识别领域的突破同样也带动了人工智能的崛起。Facebook 使用面部识别技术自动地为你和你的朋友的图像进行标记和分类。安防系统使用人脸识别技术来进行入侵检测并识别通缉犯。自动驾驶汽车可以通过目标识别技术检测行人、交通信号灯和其他路标。从某种程度上讲，当今社会的大多数人已经将目标识别、计算机视觉和人工智能视为同一种技术，即使它们本质上有很大的不同。

4.3 目标识别的问题类型

目标识别问题有很多种，明白它们之间的不同很重要，因为选择什么样的神经网络结构和问题类型是相关的。常见的目标识别问题类型如下。

- 图像分类。

- 目标检测。

- 实例分割。

不同问题类型之间的差别如图 4-1 所示。

对于图像分类（Image Classification）问题，输入是一幅图像，要求将图像所属的类别作为结果输出。这和本书的第一个项目有些类似，我们构建了一个分类器来对病人进行分类（是否患有糖尿病）。对于图像分类问题，输入数据是图像中的像素（具体来说，是每个像素的强度值)，而不是由 pandas DataFrame 表示的表格化数据。在本章的项目中，我们将专注于图像分类。

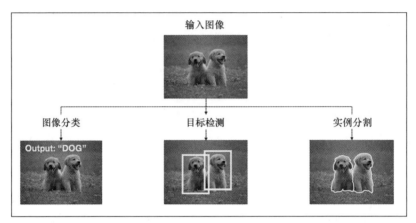

图 4-1

对于目标检测（object detection）问题，输入是一幅图像，要求在检测到的目标周围添加包围盒（bounding box)。你可以将其看作对图像分类任务更进一步。神经网络不能够再假设图像仅包含一个种类的物体，它必须假设图像包含多个种类的物体。神经网络必须能够识别出图像中出现的不同种类的物体，然后在识别到的物体周围添加包围盒。你可以想象一下，在将神经网络应用到目标识别之前，这个任务并不简单，目标识别曾是一项非常困难的工作。现如今，神经网络可以非常高效地进行目标识别。2014 年，也就是 AlexNet 出现后的两年，格尔希克（Girshick）等人的工作表明，图像分类的技术可以被推广到目标检测领域。他们的直观想法是用多个包围盒标记感兴趣的目标，然后对每个包围盒内的像素点，通过卷积神经网络判断它的类别。这一方法被称为基于卷积神经网络特征的区域方法（Regions with CNN，R-CNN）。

最后是实例分割（instance segmentation），输入是一幅图像，要求输出图像中组成不同类型对象的像素组。你可以将实例分割看作对目标检测的进一步优化。实例分割是目前最有用也是最流行的技术。现在很多智能手机摄像头中的肖像模式就依赖于实例分割来将前景和背景分割开来，从而创建出景深效果（焦外成像）。实例分割对于自动驾驶汽车同样非常重要，因为车辆必须对周围物体进行精确定位。2017 年，一种 R-CNN 的改进算法——Mask R-CNN 出现了，它显示出了非常高效的实例分割能力。

正如我们所看到的那样,当前的目标识别算法的进步受益于卷积神经网络。在本项目中,我们会深入研究卷积神经网络并在 Keras 中训练和创建一个卷积神经网络。

4.4 数字图像作为神经网络输入

回忆一下之前的内容,我们曾提到过神经网络需要数值类型的输入,也看到了如何对类别特征进行编码,例如通过独热编码将星期几编码为数值特征。那么,图像该如何作为神经网络的输入呢?简单来讲,数字图像天生就是数值形式的!

为什么这么说呢?图 4-2 所示的是,一幅 28 × 28 的手写数字 3 的图像,假设图像是灰阶图像(黑白图像)。如果研究一下组成该灰阶图像的每个像素的强度值,可以发现有些像素是纯白的而有些像素是灰色或黑色的。对于计算机而言,白色像素点用 0 表示,而黑色像素点用 255 表示。它们之间的颜色(灰色)值为 0~255。因此,数字图像的本质就是数值型数据,神经网络非常适合基于它们进行训练。

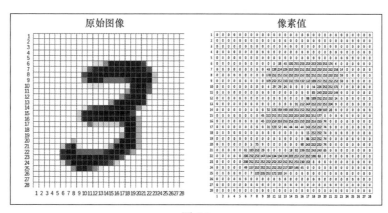

图 4-2

如果是彩色图像呢?彩色图像具有 3 个通道——红色、绿色和蓝色(也就是常说的 RGB)。像素值代表了红色的强度、绿色的强度和蓝色的强度。从另外一个角度考虑,对于纯红色图像,其像素值的红色通道强度为 255 而其他通道为 0。

一幅彩色图像按照 RGB 通道拆分后的结果如图 4-3 所示。注意，彩色图像是数据在三个维度上叠加的结果。与之相对的是，灰阶图像只包含两个维度。

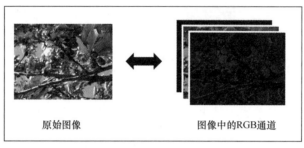

原始图像　　　　　　　　　　　图像中的RGB通道

图 4-3

4.5　卷积神经网络的基础结构

图像分类问题所面临的最大挑战是目标的外观在动态地变化。例如，猫和狗的种类有很多，猫狗在图像中的表现形式更是数不胜数。对于简陋的传统分类技术来说这是很困难的，因为不可能把无穷无尽的猫狗图像输入计算机中。

然而，这本不应该成为一个问题。人类不需要输入无穷无尽的猫狗图像就能区分二者。给一个还在蹒跚学步的小孩看几幅猫狗的图像之后，他就可以轻松地区分二者了。研究人类进行图像分类的方法会发现，人类在识别目标时倾向于寻找标志性的特征。例如，我们知道猫的体型相对于狗更小一些，猫耳朵更尖一些，猫鼻子相对于狗鼻子也更短。在进行图像分类时，人类会本能地寻找这些特征。

我们可以教会计算机在图像中搜寻这些特征吗？答案是肯定的！这也正是卷积的重点。

4.5.1　滤波和卷积

在学习什么是卷积之前，首先要搞明白什么是滤波。

假设我们使用一幅 9×9 的图像作为输入，然后我们需要将图像分类为 X 或 O。图

4-4 和图 4-5 展示了一些输入图像的样本。

最左侧框中是一个非常规整的 O，而另外两个框中绘制的 O 则不是很好。

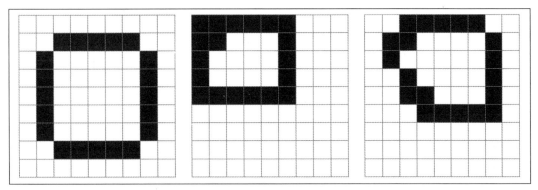

图 4-4

如图 4-5 所示，最左侧框中是一个非常规整的 X，而另外两个框中绘制的 X 则不是很好。

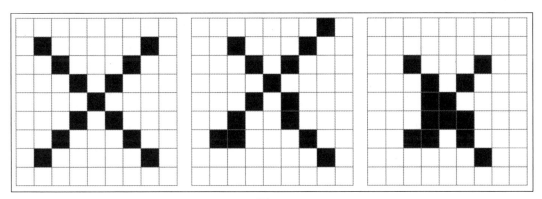

图 4-5

我们不能期待图像的内容都是非常完美的手写字体。对于人类来说这并没有什么问题，因为即使写得很潦草，我们也能区别出 O 和 X。

为什么人类可以轻松地辨别 X 和 O 的不同呢？图像中有哪些特点让我们可以将它们区别开来？我们知道字母 O 包含水平的边缘，而字母 X 包含对角线。

图 4-6 展示了字母 O 所包含的特征。

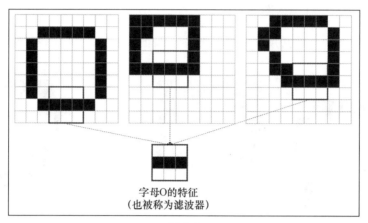

图 4-6

图 4-7 展示了字母 X 中所包含的特征。

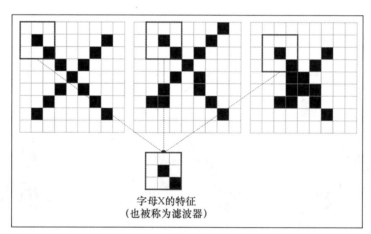

图 4-7

在本例中，特征（也就是滤波器）的尺寸为 3×3。图像中的特征为图像分类提供了重要的依据。例如，如果一张图像包含了水平边缘，也就是 O 的特征，那么这个图像很可能是 O。

那应该如何在图像中搜索特征呢？我们可以取一个 3×3 的滤波器进行搜索，然后依次滑过每个像素并进行匹配。

让我们从图像的左上角开始。滤波器所进行的数学运算（即滤波）就是将滑动窗口中的像素值与滤波器中对应位置的值相乘。滤波器在左上角的输出为 2（注意这是一次完美的匹配，因为滑动窗口和滤波器完全一致）。

滤波器在图像左上角所进行的滤波操作如图 4-8 所示。注意，为了简化问题，我们假设像素的强度值为 0 或者 1（实际上对于真实的数字图像，其取值为 0～255）。

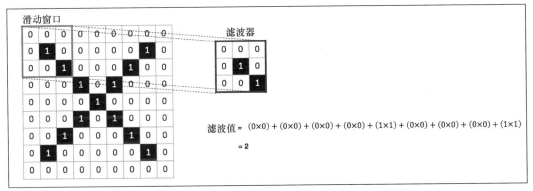

图 4-8

然后，我们将窗口向图像的右侧滑动，到达下一个 3×3 的区域。滤波器在下一个 3×3 区域上进行的滤波操作如图 4-9 所示。

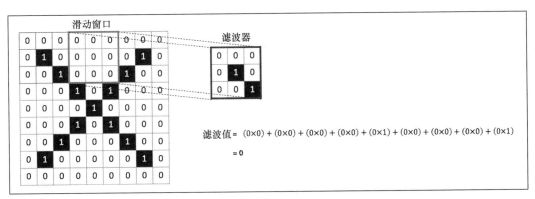

图 4-9

将窗口在整个图像中进行滑动并计算滤波后的值，这个过程称为卷积（convolution）。在神经网络中负责卷积操作的层，被称为卷积层（convolutional layer）。从本质上讲，卷积操作为我们提供了一张地图，标记了每一张图像中个性特征的位置。这使我们的神经网络能够像人类一样智能地、动态地识别目标！

在上述例子中，我们基于字母 O 和字母 X 的特征，亲手创建了一个滤波器。注意，当我们训练神经网络的时候，它会自动学习最合适的滤波器。回忆一下之前的内容，我们使用了全连接层，全连接层中的权重会在训练时进行更新。类似地，卷积层的权重也会在训练时进行更新。

最后，注意卷积层中含有两个主要的超参数，具体如下。

● 滤波器数量：在之前的例子中，我们仅使用了一个滤波器。我们可以增加滤波器的数量以寻找多个个性特征。

● 滤波器尺寸：在之前的例子中，我们使用的是 3 × 3 的滤波器大小。我们可以调节滤波器的尺寸以便寻找更大的个性特征。

稍后我们会构建神经网络，届时会深入介绍这些超参数。

4.5.2　最大池化

在卷积神经网络中，卷积层后面紧接着一个最大池化层是非常常见的。最大池化层的目的是减少卷积层的权重数量，从而降低模型的复杂度并避免模型的过拟合。

最大池化层的工作很简单，它检查传给它的输入的子集，仅保留子集中的最大值并丢弃其他的值。举个例子更好理解，假设最大池化层的输入是一个 4 × 4 的张量（tensor）（张量其实就是一个 n 维的数组，例如卷积层的输出就是一个张量），最大池化层的尺寸为 2 × 2。最大池化的操作如图 4-10 所示。

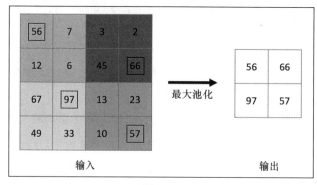

图 4-10

从图 4-10 可以看出,最大池化就是检查输入中的每个 2×2 的区域,然后丢弃该区域中最大值(图中框出的部分)以外的所有值。此举非常高效地将原始输入的高度和宽度减半,减少了传入下一层的参数的个数。

4.6 卷积神经网络基本结构

在 4.5 节,我们已经学习了卷积神经网络的基本结构。现在,我们把它们组合起来,看看完整的卷积神经网络是什么样的。

卷积神经网络基本上就是把卷积层和最大池化层堆叠起来。卷积层使用的激活函数通常是 ReLU,第 5 章介绍过它。

一个典型卷积神经网络的前几层,是由一系列的卷积层和最大池化层组成的,如图 4-11 所示。

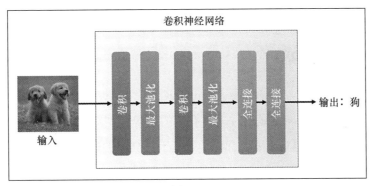

图 4-11

卷积神经网络的后面几层是全连接层(fully connected),也就是致密层。注意,sigmoid激活函数适用于二元分类问题,而 softmax 激活函数适用于多类分类问题。

在前面的内容中,我们已经介绍过全连接层了。此时你可能会想,为什么要在卷积神经网络的最后几层使用全连接层呢?在卷积神经网络中,前面的卷积层用于从数据中学习和提取特征。例如,我们学习了卷积层是如何提取 O 和 X 中的特征的。最大池化层将学习信息传递给全连接层，全连接层学习如何做出准确的预测，这和 MLP 模型类似。

从本质上讲，卷积神经网络的前面几层负责识别特征，而最后的全连接层负责根据特征进行预测。这么处理的意义非常重大。在之前的项目中，我们通过人工的方式获得特征（例如星期几、距离等）并将其用于机器学习算法。而在本项目中，我们只是将数据输入卷积神经网络中，然后由卷积神经网络自动学习并提取最佳的特征用于分类。这才是真正的人工智能！

4.7　现代卷积神经网络回顾

我们已经学习了卷积神经网络的基本结构，接下来了解一下当今比较先进的卷积神经网络结构。本节会介绍卷积神经网络的发展历程，讲解它们是如何不断完善的。我们不会探讨这些神经网络背后的算法和数学原理。取而代之的是，我们希望从宏观的角度来介绍一些非常重要的卷积神经网络。

4.7.1　LeNet（1998）

第一个卷积神经网络，由杨立昆（Yann LeCun）在 1998 年提出，被称为 LeNet。杨立昆首次证明了卷积神经网络是一种非常有效的图像识别算法，具体来讲是针对手写数字的识别。然而在 21 世纪初，很少有科学家基于杨立昆的研究成果进行研究，卷积神经网络也没有特别大的进展（人工智能领域总体进展缓慢）。

4.7.2　AlexNet（2012）

正如前面提到的，AlexNet 是由阿莱克斯·克里泽夫斯基等人开发的，他们利用 AlexNet 赢得了 2012 年的大规模视觉识别挑战赛（ILSVRC）。AlexNet 的原理和 LeNet 的类似，但是它的模型结构更深，网络中能够训练的参数约为 6000 万个，是 LeNet 的 1000 多倍。

4.7.3 VGG16（2014)

VGG16 是由牛津大学视觉几何组（Visual Geometry Group，VGG）开发的，它是一个非常重要的神经网络。VGG16 是第一个使用大尺寸滤波器的卷积神经网络，而不是仅仅使用一个 3×3 大小的滤波器。

VGG16 在 2014 年的大规模视觉识别挑战赛中获得第二名。它的缺点是训练参数过多，因此所需训练时间相当长。

4.7.4 Inception（2014)

Inception 网络是由谷歌的研究人员开发的，并且获得了 2014 年的大规模视觉识别挑战赛的冠军。Inception 网络的指导原则是要高效地提供具有高准确率的预测结果。谷歌希望创建一个可以在他们服务器上实时部署和训练的神经网络。为此，研究人员开发了一个被称为 Inception 的模块，它可以在保证模型准确率的前提下，极大地提高模型的训练速度。事实上，在 2014 年的大规模视觉识别挑战赛中，Inception 网络比 VGG16 的准确性更高，但是训练的参数数量却远小于后者。

Inception 网络还在不断地被改进。截止到本文撰写之时（2018 年），Inception 网络已经更新到了第 4 版（一般被称作 Inception-v4）。

4.7.5 ResNet（2015)

何凯明等人在 2015 年的大规模视觉识别挑战赛上提出了残差神经网络（Residual Neural Network，ResNet）。想必你已经注意到了，这个竞赛是神经网络和计算机视觉领域中极为重要的赛事，最新科技均在这项年度赛事上揭晓。

ResNet 最显著的特征是残差块（residual block）技术，这项技术使神经网络具有更深的深度，同时保持适当数量的参数。

4.7.6 最新趋势

正如我们看到的，卷积神经网络在近些年取得了非常大的进展。实际上，近些年出现的卷积神经网络在图像识别领域的表现已经超越了人类。近些年来反复出现的一幕就是不断的技术创新使得模型性能不断提高，同时也维持模型的复杂度不再加大。显然，神经网络的速度和准确性是同等重要的。

4.8　猫狗数据集

现在，我们已经理解了卷积神经网络背后的原理，可以开始探索数据集了。微软提供了猫狗数据集。下载和设置该数据集的方法可以在 4.1 节中找到。

首先将图像打印出来，看看我们将要和什么样的数据打交道。为此，只需要执行下面的代码：

```
from matplotlib import pyplot as plt
import os
import random

# 获取文件名
_, _, cat_images = next(os.walk('Dataset/PetImages/Cat'))

# 准备 3×3 幅图表（共计 9 幅图）
fig, ax = plt.subplots(3,3, figsize=(20,10))

# 随机选择一幅图像并绘制
for idx, img in enumerate(random.sample(cat_images, 9)):
    img_read = plt.imread('Dataset/PetImages/Cat/'+img)
    ax[int(idx/3), idx%3].imshow(img_read)
    ax[int(idx/3), idx%3].axis('off')
    ax[int(idx/3), idx%3].set_title('Cat/'+img)
plt.show()
```

输出结果如图 4-12 所示。

通过观察我们得到了数据的一些信息：

● 图像具有不同的尺寸；

● 大多数目标（猫/狗）位于图像的中心位置；

● 目标（猫/狗）的朝向不同，并且可能被遮挡。换句话说，我们不能保证一定能在图中看到猫咪的尾巴。

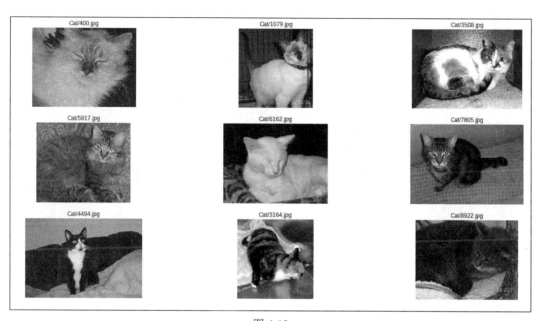

图 4-12

现在，对于狗类图像，执行同样的操作：

```
# 获取文件名
_, _, dog_images = next(os.walk('Dataset/PetImages/Dog'))

# 准备 3×3 幅图表 (共计 9 幅图)
fig, ax = plt.subplots(3,3, figsize=(20,10))

# 随机选择一幅图像并绘制
for idx, img in enumerate(random.sample(dog_images, 9)):
    img_read = plt.imread('Dataset/PetImages/Dog/'+img)
    ax[int(idx/3), idx%3].imshow(img_read)
    ax[int(idx/3), idx%3].axis('off')
    ax[int(idx/3), idx%3].set_title('Dog/'+img)
plt.show()
```

输出结果如图 4-13 所示。

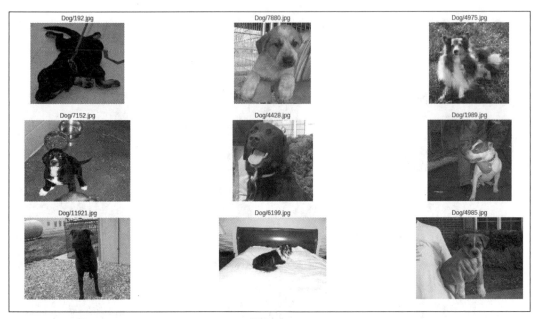

图 4-13

4.9　在 Keras 中处理图像数据

对于处理图像分类问题的神经网络项目，我们面临的最大问题是大多数的计算机没有足够的 RAM 能够将全部数据加载到内存中。即使是现代更强大的计算机，将全部的数据加载到内存中并训练神经网络也是非常耗时的。

为了应对这个问题，Keras 提供了一个很有用的 `flow_from_directory` 方法，它可以将图像的路径作为输入，然后将生成的一批（batch）数据作为输出。这一批数据会被加载到内存中，用于模型训练。这样一来，我们就可以利用大量的图像来训练深度神经网络而不需要担心内存不够的问题了。不仅如此，`flow_from_directory` 方法使得我们可以对图像进行预处理操作，例如尺寸缩放和图像增加，这仅仅通过几个参数就可以实现。`flow_from_directory` 方法会在将数据传入模型之前，实时地进行必要的预处理操作。

文件和文件夹的目录结构必须要符合规范，`flow_from_directory` 方法才能够正确工作。具体来讲，我们必须要在 **data** 文件夹下为训练数据和测试数据分别创建一个子文件夹，同时对于训练数据和测试数据中的猫类图像和狗类图像，也需要分别创建子文件夹。文件目录结构如图 4-14 所示。

`flow_from_directory` 方法会从文件夹结构中获取图像的类型。

cat 文件夹和 dog 文件夹中包含了数据集提供的原始数据，但是暂时还没有被分割为训练数据和测试数据。因此，我们需要将数据集按照之前约定的结构，拆分为 `train` 和 `test` 两个文件夹。为此，我们需要执行以下步骤：

1. 创建 /train/cat、/train/dog、/test/cat 和 /test/dog 文件夹；

2. 随机选取 80% 的图像作为训练数据，20% 的图像作为测试数据；

3. 将上述拆分后的图像分别复制到各自的文件夹中。

```
/data
   ... /train
      ... /cat
         ... 0.jpg
         ... 1.jpg
         ... 2.jpg
      ... /dog
         ... 0.jpg
         ... 1.jpg
         ... 2.jpg
   ... /test
      ... /cat
         ... 0.jpg
         ... 1.jpg
         ... 2.jpg
      ... /dog
         ... 0.jpg
         ... 1.jpg
         ... 2.jpg
```

图 4-14

我们已经在 utils.py 文件夹中提供了相应的辅助函数来执行上述操作，你可以像下面这样调用该函数：

```
from utils import train_test_split

src_folder = 'Dataset/PetImages/'
train_test_split(src_folder)
```

 如果你在运行上述代码块时遇到了问题，如果错误信息是 ImportError: No Module Named Piexif，说明你没有在你的 Python 环境中安装 Piexif。本章我们需要利用这个库进行图像处理。请参考 4.1 节中的操作说明来下载 Piexif。

太棒了！我们的图像都已经移动到了合适的文件夹中。

4.10　图像增强

在开始构建卷积神经网络之前，我们先来了解一下图像分类项目中的一项重要技术——

图像增强（augmentation)。图像增强技术通过某种特定的方法对原始图像进行微小的修改并以此创建出新的图像，进而增加训练集中的数据数量。例如，我们可以通过如下方式修改原始图像：

- 图像旋转；

- 图像平移；

- 水平翻转；

- 缩放图像。

使用图像增强技术的动机是卷积神经网络需要大量的训练数据才能实现很好的泛化能力。然而，收集数据有时候是很困难的，尤其是图像类型的数据。通过图像增强技术，我们可以基于已有的数据，通过人工的方式创建出新的训练数据。

Keras 提供了 ImageDataGenerator 类帮助我们轻松地完成图像增强操作。先创建一个该类的实例：

```
from keras.preprocessing.image import ImageDataGenerator

image_generator = ImageDataGenerator(rotation_range = 30,
width_shift_range = 0.2, height_shift_range = 0.2,zoom_range = 0.2,
horizontal_flip=True, fill_mode='nearest')
```

如上述代码片段所示，我们可以向 ImageDataGenerator 类传递一些参数。每个参数可以指定要对图像进行什么样的修改。应该避免对图像进行过度的变换，过度的变换会造成图像的失真，这样图像就不能反映真实世界的情况，从而引入误差。

下面，让我们看看如何从/train/dog/文件夹中随机地选择一幅图像并对其进行增强。然后，我们将增强后的图像和原始图像绘制出来以进行对比。为了完成上述操作，请执行下列代码：

```
fig, ax = plt.subplots(2,3, figsize=(20,10))
all_images = []

_, _, dog_images = next(os.walk('Dataset/PetImages/Train/Dog/'))
random_img = random.sample(dog_images, 1)[0]
random_img = plt.imread('Dataset/PetImages/Train/Dog/'+random_img)
```

```
all_images.append(random_img)

random_img = random_img.reshape((1,) + random_img.shape)
sample_augmented_images = image_generator.flow(random_img)

for _ in range(5):
    augmented_imgs = sample_augmented_images.next()
    for img in augmented_imgs:
        all_images.append(img.astype('uint8'))

for idx, img in enumerate(all_images):
    ax[int(idx/3), idx%3].imshow(img)
    ax[int(idx/3), idx%3].axis('off')
    if idx == 0:
        ax[int(idx/3), idx%3].set_title('Original Image')
    else:
        ax[int(idx/3), idx%3].set_title('Augmented Image {}'.format(idx))

plt.show()
```

输出结果如图 4-15 所示。

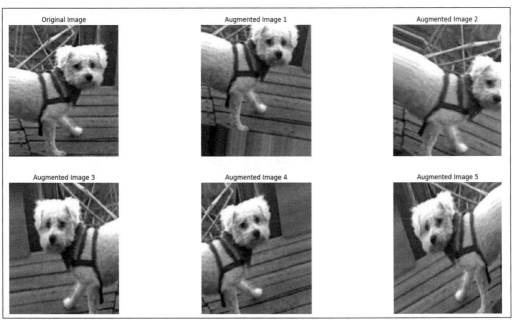

图 4-15

可以看到，图像被随机地进行了平移或者旋转，这些操作是由传入 `ImageData-Generator` 类的参数控制的。增强后的图像会为卷积神经网络的训练提供额外的补充数据，进而提升模型的健壮性。

4.11　建模

我们终于准备好在 Keras 中训练卷积神经网络了。在本节中，我们会用两种不同的方法建模。首先，我们会从创建一个相对简单的卷积神经网络开始，考察这个简单模型的性能并分析它的优缺点。然后，我们会使用一个非常先进的模型——VGG16。我们会展示如何利用已经训练好的权重并让 VGG16 模型适用于猫狗图像分类问题。

4.11.1　构建简单的卷积神经网络

在之前的内容中，我们介绍了卷积神经网络模型最基本的结构，它包含了一系列的卷积层和最大池化层。在这一节中，我们会利用这些重复出现的组合，构建一个基础的卷积神经网络模型，模型如图 4-16 所示。

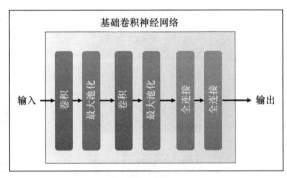

图 4-16

这个基础的卷积神经网络包含两组重复出现的卷积层和最大池化层组合，后面紧跟着的是两个全连接层。4.10 节讲过，卷积层和最大池化层的作用是学习用于分类的空间特征（例如识别猫咪的耳朵），而全连接层则负责使用这些特征做出预测。因此，我们可以用另外一种方式来描述卷积神经网络，如图 4-17 所示。（在之后的内容中我们会讲解为什么用这种方式对神经网络进行可视化十分重要。）

图 4-17

构建一个卷积神经网络和构建一个多层感知器或前馈神经网络的步骤是类似的，和前几章中所做的操作一样，我们首先要声明一个线性模型实例：

```
from keras.models import Sequential
from keras.layers import Conv2D, MaxPooling2D
from keras.layers import Dropout, Flatten, Dense
from keras.preprocessing.image import ImageDataGenerator

model = Sequential()
```

在添加卷积层之前，思考一下将要用到的超参数很有必要。卷积神经网络中包含以下超参数。

- 卷积层滤波器尺寸（convolutional layer filter size）：大多数的卷积神经网络使用 3×3 的过滤器。

- 滤波器个数（number of filter）：我们使用的过滤器个数为 32，以期在速度和性能上获得平衡。

- 输入尺寸（input size）：正如在之前内容中看到的那样，输入的图像的尺寸各不相同，其长和宽大约为 150 像素。我们的输入尺寸为 32 像素 × 32 像素。这就要求对原始图像进行压缩，而压缩会导致图像信息的损失，但这可以提高神经网络的训练速度。

- 最大池化尺寸（max pooling size）：最大池化层的尺寸一般是 2×2，这样可以将输入层的尺寸减半。

- 批尺寸（batch size）：指在梯度下降过程中，每批使用的样本数。批尺寸较大时可以获得更高的准确率但是训练时间会更长，同时也需要更多的内存。本项目我们将批尺寸设置为 16。

- 每轮训练步数（steps per epoch）：在每一轮训练中进行的迭代次数。一般来讲，它的值等于训练样本数除以批尺寸。

- 轮（epoch）：数据训练的轮数。注意，在神经网络中，轮数指的是每个训练数据被模型训练的次数。多轮训练通常是有必要的，因为梯度下降是一种迭代优化方法。在本项目中，让我们对模型进行 10 轮训练。这意味着，每个训练样本都会被输入模型 10 次。

首先声明变量来表示这些超参数，它们在代码中均为常量：

```
FILTER_SIZE = 3
NUM_FILTERS = 32
INPUT_SIZE  = 32
MAXPOOL_SIZE = 2
BATCH_SIZE = 16
STEPS_PER_EPOCH = 20000//BATCH_SIZE
EPOCHS = 10
```

现在添加第一个卷积层，它有 32 个滤波器，尺寸均为 3×3：

```
model.add(Conv2D(NUM_FILTERS, (FILTER_SIZE, FILTER_SIZE),
input_shape = (INPUT_SIZE, INPUT_SIZE, 3), activation = 'relu'))
```

然后，添加一个最大池化层：

```
model.add(MaxPooling2D(pool_size = (MAXPOOL_SIZE, MAXPOOL_SIZE)))
```

以上是卷积神经网络中最基本的卷积-池化组合。根据既定的网络模型结构，再向模型中添加一组卷积-池化组合：

```
model.add(Conv2D(NUM_FILTERS, (FILTER_SIZE, FILTER_SIZE),
                 input_shape = (INPUT_SIZE, INPUT_SIZE, 3),
                 activation = 'relu'))

model.add(MaxPooling2D(pool_size = (MAXPOOL_SIZE, MAXPOOL_SIZE)))
```

卷积层和最大池化层已经创建完毕。在开始添加全连接层之前，我们需要对输出结果进行扁平化处理。Flatten 是 Keras 中的一个函数，它可以将一个多维向量转换为一个一维向量。例如，如果一个向量在传入 Flatten 层之前的尺寸是（5,5,3），那么输出的向量尺寸会是（75）。

使用下面代码可以添加一个 Flatten 层：

```
model.add(Flatten())
```

现在，我们添加一个包含 128 个节点的全连接层：

```
model.add(Dense(units = 128, activation = 'relu'))
```

在添加最后一个全连接层之前，先添加一个 dropout 层是更好的实践。dropout 层的功能是随机将一部分的输入设为 0。通过确保模型不过分关注某个权重从而可以减少过拟合。

```
# 将 50% 的权重设置为 0
model.add(Dropout(0.5))
```

现在向模型添加最后一个全连接层：

```
model.add(Dense(units = 1, activation = 'sigmoid'))
```

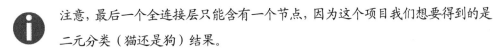 注意，最后一个全连接层只能含有一个节点，因为这个项目我们想要得到的是二元分类（猫还是狗）结果。

我们使用 adam 优化器来编译模型。adam 优化器是我们在第 1 章接触过的随机梯度下降（Stochastic Gradient Descent，SGD）算法的泛化形式，adam 广泛应用于卷积神经网络的训练。损失函数选择 binary_crossentropy，因为这是一个二元分类问题：

```
model.compile(optimizer = 'adam', loss = 'binary_crossentropy',
              metrics = ['accuracy'])
```

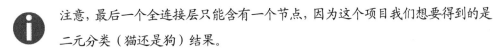 一般来讲，对于二元分类问题，我们使用 binary_crossentropy 函数，而对于多元分类问题，我们使用 categorical_crossentropy 函数。

现在，我们做好训练卷积神经网络的准备了。注意，我们还没有将任何数据加载到内存中。我们将使用 ImageDataGenerator 类和 flow_from_directory 方法来实时地训练模型，它们仅在需要时将数据集加载进内存；

```
training_data_generator = ImageDataGenerator(rescale = 1./255)

training_set = training_data_generator. \flow_from_directory('Dataset/
PetImages/Train/', target_size=(INPUT_SIZE,INPUT_SIZE), batch_size=BATCH_SIZE,
class_mode='binary')

model.fit_generator(training_set, steps_per_epoch = STEPS_PER_EPOCH,
epochs=EPOCHS, verbose=1)
```

模型训练完成后，输出结果如图 4-18 所示。

```
Epoch 1/10
1250/1250 [==============================] - 79s 63ms/step - loss: 0.6347 - acc: 0.6247
Epoch 2/10
1250/1250 [==============================] - 85s 68ms/step - loss: 0.5540 - acc: 0.7175
Epoch 3/10
1250/1250 [==============================] - 81s 65ms/step - loss: 0.5066 - acc: 0.7511
Epoch 4/10
1250/1250 [==============================] - 87s 69ms/step - loss: 0.4778 - acc: 0.7696
Epoch 5/10
1250/1250 [==============================] - 80s 64ms/step - loss: 0.4478 - acc: 0.7858
Epoch 6/10
1250/1250 [==============================] - 85s 68ms/step - loss: 0.4247 - acc: 0.8054
Epoch 7/10
1250/1250 [==============================] - 81s 65ms/step - loss: 0.4007 - acc: 0.8141
Epoch 8/10
1250/1250 [==============================] - 82s 65ms/step - loss: 0.3835 - acc: 0.8241
Epoch 9/10
1250/1250 [==============================] - 85s 68ms/step - loss: 0.3635 - acc: 0.8371
Epoch 10/10
1250/1250 [==============================] - 81s 65ms/step - loss: 0.3395 - acc: 0.8486
```

图 4-18

可以清晰地看出损失在减少，准确率则在每轮训练后有所提高。

现在，模型已经训练完毕，让我们使用测试数据集来评估模型的性能。我们会创建一个新的 ImageDataGenerator ，然后调用 flow_from_directory 函数来读取 test 文件夹中的数据：

```
testing_data_generator = ImageDataGenerator(rescale = 1./255)

test_set = testing_data_generator. \flow_from_directory('Dataset/
PetImages/Test/',target_size=(INPUT_SIZE,INPUT_SIZE),batch_size=BATCH_SIZE,
class_mode = 'binary')
score = model.evaluate_generator(test_set, steps=len(test_set))
```

```
for idx, metric in enumerate(model.metrics_names):
    print("{}: {}".format(metric, score[idx]))
```

输出结果如图 4-19 所示。

我们的模型准确率为 80%！仅仅使用一个基本的卷积神经网络就能得到这样的准确率，真是令人印象深刻！

```
loss: 0.8116428855985403
acc: 0.8054
```

图 4-19

这足以说明卷积神经网络的强大：仅使用几行代码卷积神经网络就获得了与人类相近的准确率。

4.11.2　通过迁移学习利用预训练模型

模型性能还能更进一步提高吗？我们能不能得到一个准确率在 90% 左右的模型，使其达到人类的水平？本节将会为你介绍如何通过迁移学习的方法来提高模型性能。

迁移学习（transfer learning）是一种机器学习技术，它可以修改某个针对特定任务训练的模型以使其适用于其他任务。例如，我们可以使用一个用于对轿车和卡车进行分类的模型来对猫狗进行分类，因为这两种问题本质上是类似的。对于卷积神经网络，迁移学习保留了卷积-池化层，仅仅对最后面的全连接层进行训练，如图 4-20 所示。

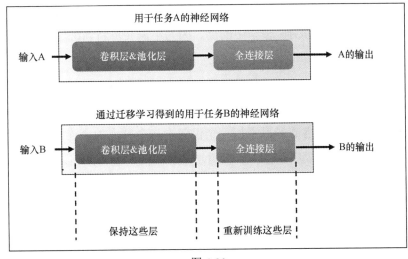

图 4-20

迁移学习是如何工作的呢？从本质上来讲，卷积层和池化层的作用是学习不同类别的特征，因此我们对这些层进行复用，毕竟两个任务关于特征学习的操作都是类似的。我们只需要对全连接层进行重新训练，使其可以对新的类别做出预测。因此，迁移学习要求任务 A 和任务 B 要足够相似。

在本节中，我们会更改 VGG16 模型的目标，使其能够用于猫狗图像的分类问题。VGG16 模型最初是为大规模视觉识别挑战赛所开发的，它面对的是一个包括 1000 种不同类别的分类任务。在这 1000 种不同类别中，就包含了特定种类的猫和狗。换言之，VGG16 不仅仅可以识别猫和狗，还可以识别猫和狗的品种。因此我们可以使用迁移学习的方法，利用 VGG16 模型完成猫狗图像分类问题。

Keras 提供了 VGG16 模型以及它训练完成后的权重数据。使用下面的代码，创建一个 VGG16 模型：

```
from keras.applications.vgg16 import VGG16

INPUT_SIZE = 128 # 如果运行时间过长，可以把这里修改为 48
vgg16 = VGG16(include_top=False, weights='imagenet',input_shape=(INPUT
_SIZE,INPUT_SIZE,3))
```

注意，我们在创建 VGG16 模型时，使用了 include_top=False 参数。该参数告诉 Keras 不要在 VGG16 模型的最后部分导入全连接层。

现在，我们会冻结 VGG16 模型中的层，因为不需要重新训练这些层。通过下面的代码可以冻结这些层：

```
for layer in vgg16.layers:
    layer.trainable = False
```

然后，我们在神经网络的最后添加一个仅包含一个节点的全连接层。因为 VGG16 模型并不属于 Keras 中的顺序模型，所以语法略有不同。不论如何，我们可以通过如下代码向模型中添加层：

```
from keras.models import Model

input_ = vgg16.input
output_ = vgg16(input_)
last_layer = Flatten(name='flatten')(output_)
```

```
last_layer = Dense(1, activation='sigmoid')(last_layer)
model = Model(input=input_, output=last_layer)
```

上述是在 Keras 中手动添加层的方法，顺序模型中的 add 函数已经为我们简化了操作。其余的代码和我们在之前内容中看到的类似。首先声明一个训练数据的生成器，然后调用 flow_from_directory 函数训练模型（仅针对新添加的层）。由于我们只需要训练最后一层，因此仅需要将模型训练 3 轮即可：

```
# 定义超参数
BATCH_SIZE = 16
STEPS_PER_EPOCH = 200
EPOCHS = 3

model.compile(optimizer = 'adam', loss = 'binary_crossentropy',
metrics = ['accuracy'])

training_data_generator = ImageDataGenerator(rescale = 1./255)
testing_data_generator = ImageDataGenerator(rescale = 1./255)

training_set = training_data_generator. \flow_from_directory('Dataset/
PetImages/Train/', target_size=(INPUT_SIZE,INPUT_SIZE), batch_size = BATCH
_SIZE, class_mode = 'binary')

test_set = testing_data_generator. \flow_from_directory('Dataset/
PetImages/Test/', target_size=(INPUT_SIZE,INPUT_SIZE), batch_size =
BATCH_SIZE,class_mode = 'binary')

model.fit_generator(training_set, steps_per_epoch = STEPS_PER_EPOCH,
epochs = EPOCHS, verbose=1)
```

 注意，如果你不是在 GPU（显卡）上运行 Keras 的话，那么下面的代码需要 1 小时才能完成训练。如果在你的计算机上运行该段代码花费时间过长，你可以考虑减少 INPUT_SIZE 参数的大小，以提高模型训练速度。不过需要注意的是，这样也会降低模型的准确率。

输出结果如图 4-21 所示。

```
Epoch 1/3
200/200 [==============================] - 381s 2s/step - loss: 0.3808 - acc: 0.8253
Epoch 2/3
200/200 [==============================] - 418s 2s/step - loss: 0.2903 - acc: 0.8731
Epoch 3/3
200/200 [==============================] - 404s 2s/step - loss: 0.2941 - acc: 0.8754
```

图 4-21

和之前的卷积神经网络相比，准确率并没有很大的不同。这并不出乎意料，因为两个模型在训练数据集上得到的准确率都已经非常好了。不过，测试数据集才是检验模型性能的最终标准，让我们看看模型在测试数据集上的表现：

```
score = model.evaluate_generator(test_set, len(test_set))

for idx, metric in enumerate(model.metrics_names):
    print("{}: {}".format(metric, score[idx]))
```

输出结果如图 4-22 所示。

太棒了！通过迁移学习，模型在测试数据集上的准确率为 90.5%。需要注意的是，该模型的

```
loss: 0.23026393374204635
acc: 0.905
```

图 4-22

训练时间要比从头训练 VGG16 快得多（即使使用强悍的 GPU 进行训练，也可能需要花费一天的时间才能完成 VGG16 的训练），这是因为我们仅训练了最后一层。这表明我们可以利用先进的神经网络模型（例如 VGG16）来为自己的项目生成预测结果。

4.12　结果分析

让我们仔细研究一下预测结果。具体来说，我们希望知道哪些图像被卷积神经网络正确分类了，而哪些却没有。

回忆一下，最后一层的 sigmoid 激活函数输出的是一系列 0～1 的值（每张图像对应一个值）。如果输出值小于 0.5，那么分类的结果将是 0（图像中包含猫），如果输出值大于 0.5，则分类结果为 1（图像中包含狗）。因此，如果输出值接近 0.5，则表明模

型不能确定图像的类型，而如果输出值接近于 0 或者 1.0，则表示模型对预测结果非常有信心。

让我们使用模型对测试数据集中的图像逐一进行预测，并将预测结果分为以下 3 类。

- 强正确预测（strongly right prediction）：模型预测结果正确，且输出值大于 0.8 或小于 0.2。

- 强错误预测（strongly wrong prediction）：模型预测结果错误，且输出值大于 0.8 或小于 0.2。

- 弱错误预测（weakly wrong prediction）：模型预测结果错误，且输出值在 0.4 到 0.6 之间。

下面的代码可以完成上述分类操作：

```
# 生成用于数据可视化的测试数据集
test_set = testing_data_generator. \flow_from_directory('Dataset/
PetImages/Test/', target_size = (INPUT_SIZE,INPUT_SIZE), batch_size = 1,
class_mode = 'binary')

strongly_wrong_idx = []
strongly_right_idx = []
weakly_wrong_idx = []

for i in range(test_set._len_()):
    img = test_set._getitem_(i)[0]
    pred_prob = model.predict(img)[0][0]
    pred_label = int(pred_prob > 0.5)
    actual_label = int(test_set._getitem_(i)[1][0])
    if pred_label != actual_label and (pred_prob > 0.8 or
    pred_prob < 0.2): strongly_wrong_idx.append(i)
    elif pred_label != actual_label and (pred_prob > 0.4 and
    pred_prob < 0.6): weakly_wrong_idx.append(i)
    elif pred_label == actual_label and (pred_prob > 0.8 or
    pred_prob < 0.2): strongly_right_idx.append(i)
    # 图像数量足够时停止
    if (len(strongly_wrong_idx)>=9 and len(strongly_right_idx)>=9
    and len(weakly_wrong_idx)>=9): break
```

在每个分类中随机选取 9 幅图像，并将其显示在 3×3 的表格中。使用下面的代码

可以完成该操作:

```
from matplotlib import pyplot as plt
import random

def plot_on_grid(test_set, idx_to_plot, img_size=INPUT_SIZE):

fig, ax = plt.subplots(3,3, figsize=(20,10))
for i, idx in enumerate(random.sample(idx_to_plot,9)):
    img = test_set._getitem_(idx)[0].reshape(img_size, img_size ,3)
    ax[int(i/3), i%3].imshow(img)
    ax[int(i/3), i%3].axis('off')
```

现在,绘制出属于强正确预测的 9 副随机图像:

```
plot_on_grid(test_set, strongly_right_idx)
```

输出结果如图 4-23 所示。

图 4-23

果然! 图像中几乎都是典型的猫狗形象。从图 4-23 中我们可以看到猫咪尖尖的耳朵和狗的黑眼睛。这些都是卷积神经网络可以轻易识别出来的典型特征。

再来看看属于强错误预测结果的图像：

```
plot_on_grid(test_set, strongly_wrong_idx)
```

输出结果如图 4-24 所示。

图 4-24

可以看到，这些被错误分类的图像具有一些共性。首先，狗的尖尖的耳朵使其看起来像猫。也许我们的神经网络模型在对猫狗进行分类时有些过分关注尖耳朵这一特征，因此才将狗错误地分类为猫。此外，我们还注意到，有些目标并没有正对镜头，这就比较难以进行识别，也难怪神经网络会错误地对其进行分类。

最后，让我们看看属于弱错误预测的图像：

```
plot_on_grid(test_set, weakly_wrong_idx)
```

输出结果如图 4-25 所示。

这些就是让神经网络感到模棱两可的图像，也许是因为能够将其判断为是狗或者是猫的特征一样多。看第一行图像会更直观，图像里面的小狗有着和猫咪类似的体型，也许这正是让神经网络感到迷惑的地方。

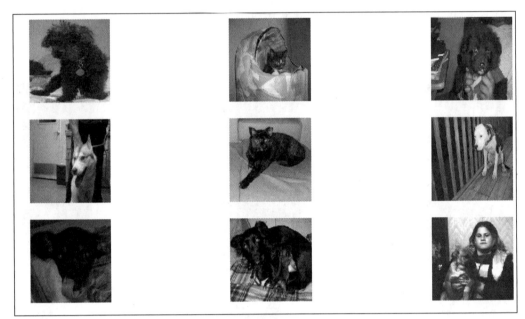

图 4-25

4.13　小结

在本章中，我们构建了一个基于图像中包含猫还是狗，从而对图像进行分类的分类器。在构建这个分类器时，我们使用了两种卷积神经网络。首先，我们学习了卷积神经网络背后的原理，也了解了卷积神经网络的基本构建元素，例如卷积层、最大池化层和全连接层。卷积神经网络的前几层包含若干组卷积-池化层组合，这些层的作用是从待分类的图像中提取用于分类的特征。和 MLP 类似，全连接层是卷积神经网络的后几层，这些层的作用是得到最终的预测结果。

在第一个卷积神经网络中，我们通过基本的网络结构，在测试数据集上获得了 80% 的准确率。基本卷积神经网络结构包含两个卷积-最大池化层组合，随后是两个全连接层。在第二个卷积神经网络中，我们通过迁移学习的方式，利用预先训练的 VGG16 模型对图像进行分类。我们删除了原始网络中最后一个包含 1000 个节点的全连接层，取而代之的是一个仅包含一个节点的全连接层（针对二元分类问题）。基于 VGG16 模型，我们取得了 90% 的准确率。

最后，我们对模型能够准确分类的图像和让模型感到难以抉择的图像进行了可视化。结果表明，当目标没有正对镜头或同时具有猫狗两种特征时（例如一个体型小巧、具有尖耳朵的小狗），模型会迷惑从而难以对图像进行分类。

本章到此结束。在下一章中，我们会使用一个自动编码器神经网络来移除图像中的噪声。

4.14 习题

1. 问：计算机中的图像是如何表示的？

答：计算机中的图像是以一组像素的形式表现的，每个像素自身具有强度值（0～255）。彩色图像具有三个通道（红绿蓝），而灰阶图像仅包含一个通道。

2. 问：卷积神经网络的基本组成部分有哪些？

答：所有的卷积神经网络都包含：卷积层、池化层、全连接层。

3. 问：卷积层和池化层的作用是什么？

答：卷积层和池化层用于从图像中提取空间特征。例如，当训练一个用于识别猫咪的卷积神经网络时，空间特征可以是猫咪的尖耳朵。

4. 问：全连接层的作用是什么？

答：全连接层和 MLP 以及前馈神经网络类似。它们的作用是根据输入的空间特征对图像进行分类并输出结果。

5. 问：什么是迁移学习，为什么说迁移学习非常有用？

答：迁移学习是一项机器学习技术，它的作用是对模型进行修改，使原本针对某个任务进行训练的模型能够用于其他的任务。迁移学习使我们能够用最少的训练时间将当今最先进的神经网络模型（例如 VGG16）用于自己的项目。

第 5 章
使用自动编码器进行图像降噪

在本章，我们会研究一类被称为自动编码器（autoencoder）的神经网络。自动编码器在近些年来备受关注。具体来讲，自动编码器的功能是移除图像中的噪声。在本章，我们会构建并训练一个自动编码器，并用它对受污染的图像进行降噪和恢复。

本章包括以下内容：

- 什么是自动编码器；

- 非监督学习；

- 自动编码器的类型——基础自动编码器、深度编码器和卷积编码器；

- 用于图像压缩的自动编码器；

- 用于图像降噪的自动编码器；

- 如何一步步构建并训练一个自动编码器；

- 结果分析。

5.1 技术需求

本章需要的关键 Python 函数库如下：

- matplotlib 3.0.2；

- Keras 2.2.4；

- NumPy 1.15.2；

- PIL 5.4.1。

把代码下载到你的计算机，你需要执行 `git clone` 命令。

下载完成后，会出现一个名字为 `Neural-Network-Projects-with-Python` 的文件夹，使用如下命令进入文件夹：

```
$ cd Neural-Network-Projects-with-Python
```

在虚拟环境中安装所需 Python 库请执行如下命令：

```
$ conda env create -f environment.yml
```

注意，在执行上述代码前，你首先需要在你的计算机上安装 Anaconda。

要进入虚拟环境，请执行下面的命令：

```
$ conda activate neural-network-projects-python
```

通过执行下面的命令进入 Chapter05 文件夹：

```
$ cd Chapter05
```

Chapter05 文件夹包含如下文件。

- `autoencoder_image_compression.py`：5.6 节的相关代码。

- `basic_autoencoder_denoise_MNIST.py` 和 `conv_autoencoder_denoise_MNIST.py`：5.7 节的相关代码。

- `basic_autoencoder_denoise_documents.py` 和 `deep_conv_autoencoder_denoise_documents.py`：5.8 节的相关代码。

通过下列指令可以执行各个文件中的代码：

```
$ python autoencoder_image_compression.py
```

5.2　自动编码器的概念

到目前为止，我们在本书中探讨过的神经网络都属于监督学习的范畴。具体来说，在每个项目中，我们都对数据集进行了标记（即特征 x 和标签 y），而我们的目标是使用数据集训练一个神经网络，使我们的神经网络在获得一个新的实例 x 时，能够预测它的标签 y。

一个典型的前馈神经网络如图 5-1 所示。

在本章，我们会研究另外一种类型的神经网络，它就是自动编码器。自动编码器是通过对卷积神经网络进行修改而得到的另外一种形式的神经网络。它的目标是学习输入数据的隐式表示（latent representation），这种表示通常情况下是对原始输入的一种压缩表示形式。

所有的自动编码器都包含一个编码器（encoder）和一个解码器（decoder）。编码器的作用是将输入数据编码为一个学习过的、压缩的表示形式；解码器的作用则是使用压缩过的表示形式来重建原始输入。

自动编码器的典型结构如图 5-2 所示。

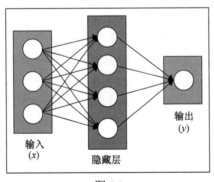

图 5-1

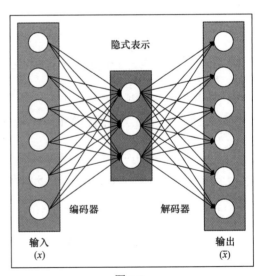

图 5-2

注意，和卷积神经网络不同的是，我们并不要求输入特征 x 具备对应的标签 y（如图 5-2 所示）。这说明自动编码器属于非监督学习，而卷积神经网络属于监督学习。

5.3　隐式表示

读到这里，你可能会有疑问，创建自动编码器的目的到底是什么？自动编码器学习原始输入的某种表示形式，然后使用该表示形式再生成一个类似的输出结果，这么做有什么意义呢？理解这个问题的关键就在于输入特征经过学习后的表示形式。因为我们强制要求这个表示形式被压缩（即要求它的尺寸小于原始输入），所以我们的神经网络就只能学习原始输入中的显著特征。这样就确保了学习到的表示形式仅包含了输入中最显著的特征，即输入的隐式表示。

举一个具体的例子来解释隐式表示。例如，对于一个基于猫狗数据集训练的自动编码器，如图 5-3 所示。

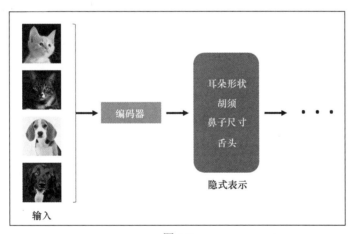

图 5-3

基于此数据集训练的自动编码器最终学习到的猫和狗的显著特征是它们耳朵的形状、胡须的长度、鼻子大小以及是否能看到舌头。这些显著的特征会被隐式表示捕捉到。

基于自动编码器学习到的隐式表示，我们可以实现如下目标：

● 减少输入数据的维度，隐式表示本身就是原始输入数据的简化表示；

● 减少输入数据中的噪声（即降噪），噪声并不属于显著特征，因此可以被隐式表示轻易地识别并忽略。

在后面的内容中，我们会针对上述目标创建并训练一个自动编码器。

注意，在上一个例子中，我们使用耳朵形状、鼻子尺寸来描述隐式表示。但实际上隐式表示仅仅是一个简单的数值矩阵，我们不可能也不需要为其赋予有意义的标签。我们使用这样的描述方法向你介绍只是为了让你有一个更加直观的感受。

5.4　用于数据压缩的自动编码器

至此，我们已经介绍了自动编码器是如何学习到输入数据的简化表示形式的。我们理所当然地认为自动编码器可以很好地执行通用的数据压缩工作，然而实际上并非如此。自动编码器并不擅长通用的数据压缩工作，例如图像压缩（如 JPEG）以及音频压缩（如 MP3）。隐式表示仅能反映训练数据的特征，换句话说，自动编码器仅对那些与训练图像相似的图像有效果。

不仅如此，自动编码器在进行数据压缩时是"有损"的，这就意味着输出数据相较于原始的输入数据包含的信息更少。这些特点就决定了自动编码器并不能成为一种通用的数据压缩技术。其他类型的数据压缩算法，例如 JPEG 和 MP3 则更适合作为通用数据压缩技术。

5.5　MNIST 手写数字数据集

本章我们将要使用的数据集之一是 MNIST 手写数字数据集（MNIST handwritten digits dataset）。MNIST 数据集包含 70 000 个手写数字图像样本，图像尺寸均为 28 × 28，每个图像中包含一个数字，且所有样本均已进行过标注。

MNIST 数据集可以直接在 Keras 中使用，可以通过如下代码将其导入：

```
from keras.datasets import mnist

training_set, testing_set = mnist.load_data()
X_train, y_train = training_set
X_test, y_test = testing_set
```

通过可视化的方法，我们能够更好地理解将要处理的数据集。因此，可以使用下面的代码片段来绘制数据：

```
from matplotlib import pyplot as plt
fig, ((ax1, ax2, ax3, ax4, ax5), (ax6, ax7, ax8, ax9, ax10)) =
plt.subplots(2, 5, figsize=(10,5))

for idx, ax in enumerate([ax1,ax2,ax3,ax4,ax5, ax6,ax7,ax8,ax9,ax10]):
    for i in range(1000):
        if y_test[i] == idx:
            ax.imshow(X_test[i], cmap='gray')
            ax.grid(False)
            ax.set_xticks([])
            ax.set_yticks([])
            break
plt.tight_layout()
plt.show()
```

输出结果如图 5-4 所示。

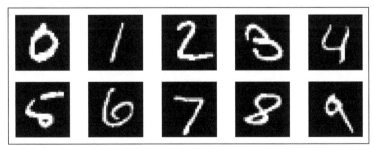

图 5-4

可以看到，数字的确是手写体，图像尺寸为 28×28 且仅包含一个数字。自动编码器可以用来学习这些数字的压缩表示（小于 28×28），并基于压缩表示重新生成图像，如图 5-5 所示。

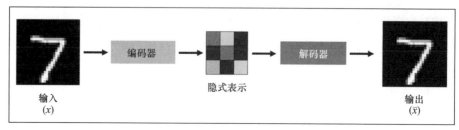

图 5-5

5.6　构建简单的自动编码器

为了加深记忆，让我们构建一个最基础的自动编码器吧，其结构如图 5-6 所示。

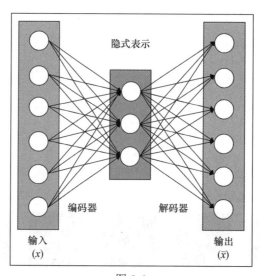

图 5-6

我们一直强调隐藏层（隐式表示）的维度应该比输入层的小。这样可以确保隐式表示是一种包含了输入中显著特征的压缩表示。那么隐藏层究竟应该多小呢？

理想情况下，隐藏层的大小应该综合考虑以下两点：

- 为了使其能够对输入特征进行压缩，尺寸不能太大；

- 为了能够被解码器重建为原始输入且不过分失真，尺寸不能太小。

　　换句话说，隐藏层的尺寸是一个超参数，我们需要非常仔细地对其进行调优以便获取良好的结果。后面我们将会学习如何在 Keras 中定义隐藏层的尺寸。

5.6.1　在 Keras 中构建自动编码器

　　让我们在 Keras 中构建一个最基本的自动编码器吧。和之前一样，我们会使用 Keras 中的 Sequential 类来构建模型。

　　首先，导入并定义一个新的 Sequential 类：

```
from keras.models import Sequential

model = Sequential()
```

　　然后，向模型中添加隐藏层。该模型中的隐藏层是一个全连接层（即 Dense 层）。使用 Keras 中的 Dense 类，我们可以通过 units 参数指定隐藏层的尺寸。units 的值是一个超参数，我们需要对其进行反复地实验才能最终确定。我们可以暂时使用一个节点作为隐藏层（units=1）。input_shape 参数的值为 784（因为我们使用 28×28 的图像作为输入），同时选用 relu 作为激活函数。

　　下列代码用于向模型添加一个仅包含一个节点的全连接层：

```
from keras.layers import Dense

hidden_layer_size = 1
model.add(Dense(units=hidden_layer_size, input_shape=(784,),
activation='relu'))
```

　　最后，添加输出层。输出层同样也是一个全连接层，其尺寸自然也是 784，因为期望输出 28×28 的图像。使用 Sigmoid 函数作为激活函数以便将输出值（像素值）限定在 0~1。

　　下列代码的作用是向模型中添加一个尺寸为 784 的全连接层：

```
model.add(Dense(units=784, activation='sigmoid'))
```

　　在训练模型之前，我们需要先确认一下模型结构是否正确。

　　调用 summary 函数打印模型结构。

```
model.summary()
```

输出结果如图 5-7 所示。

```
Layer (type)                    Output Shape            Param #
=================================================================
dense_1 (Dense)                 (None, 1)               785
_____
dense_2 (Dense)                 (None, 784)             1568
=================================================================
Total params: 2,353
Trainable params: 2,353
Non-trainable params: 0
_____
```

图 5-7

在进行下一步之前，先把创建模型的过程封装成一个函数。封装这样一个函数是很有必要的，它可以帮助我们使用不同的隐藏层尺寸随时创建新的模型。

下面的代码定义了一个函数，它可以创建一个基础的自动编码器，同时接收一个 hidden_layer_size 变量作为参数：

```
def create_basic_autoencoder(hidden_layer_size):
    model = Sequential()
    model.add(Dense(units=hidden_layer_size, input_shape=(784,),
activation='relu'))
    model.add(Dense(units=784, activation='sigmoid'))
    return model

model = create_basic_autoencoder(hidden_layer_size=1)
```

下一步是进行数据预处理，包含两个步骤：

（1）将 28×28 的图像变换为 784×1 的向量；

（2）将取值范围为 0 到 255 向量归一化为 0 到 1。取值范围缩小之后，训练神经网络也会变得更容易。

将 28×28 的图像转变为 784×1 的向量，我们可以通过如下代码完成：

```
X_train_reshaped = X_train.reshape((X_train.shape[0],X_train.shape[1]*
X_train.shape[2]))
X_test_reshaped = X_test.reshape((X_test.shape[0],X_test.shape[1]*
X_test.shape[2]))
```

注意，第一个维度 X_train.shape[0] 表示的是样本的数量。

将向量值归一化到 0～1（原始取值范围为 0～255），我们可以通过如下代码完成：

```
X_train_reshaped = X_train_reshaped/255.
X_test_reshaped = X_test_reshaped/255.
```

完成上述步骤之后，就可以开始训练神经网络模型了。首先，选取 adam 优化器，同时使用 mean_squared_error 作为损失函数。当我们想要评估输入值和输出值每个像素之间的差异大小时，使用均方根误差作为损失函数是很有用的。

使用下面的代码和上述参数编译模型：

```
model.compile(optimizer='adam', loss='mean_squared_error')
```

最后，对模型进行 10 轮训练。注意，X_train_reshaped 变量既是输入又是输出。这么做是因为我们希望训练一个能够使输入和输出保持一致的自动编码器。

使用下列代码开始训练我们的自动编码器：

```
model.fit(X_train_reshaped, X_train_reshaped, epochs=10)
```

输出结果如图 5-8 所示。

```
Epoch 1/10
60000/60000 [==============================] - 3s 51us/step - loss: 0.0750
Epoch 2/10
60000/60000 [==============================] - 3s 43us/step - loss: 0.0653
Epoch 3/10
60000/60000 [==============================] - 3s 47us/step - loss: 0.0641
Epoch 4/10
60000/60000 [==============================] - 3s 47us/step - loss: 0.0635
Epoch 5/10
60000/60000 [==============================] - 3s 44us/step - loss: 0.0632
Epoch 6/10
60000/60000 [==============================] - 3s 44us/step - loss: 0.0629
Epoch 7/10
60000/60000 [==============================] - 3s 43us/step - loss: 0.0625
Epoch 8/10
60000/60000 [==============================] - 3s 43us/step - loss: 0.0620
Epoch 9/10
60000/60000 [==============================] - 3s 43us/step - loss: 0.0616
Epoch 10/10
60000/60000 [==============================] - 3s 43us/step - loss: 0.0613
<keras.callbacks.History at 0x7fe7b2cadb00>
```

图 5-8

模型训练完成后，使用测试数据集进行验证：

```
output = model.predict(X_test_reshaped)
```

将输出结果绘制成图表，看看它和原始输入数据是否足够相近。记住，自动编码器的输出结果应该与输入的原始图像尽可能保持一致。

下面的代码随机选取了 5 张图像作为测试数据并将它们绘制在图表的第一行。随后，它们将输出结果分别绘制在每幅图的下方：

```
import random
fig, ((ax1, ax2, ax3, ax4, ax5),
     (ax6, ax7, ax8, ax9, ax10)) = plt.subplots(2, 5, figsize=(20,7))

# 随机选取 5 幅图像
randomly_selected_imgs = random.sample(range(output.shape[0]),5)

# 在第一行绘制原始图像
for i, ax in enumerate([ax1,ax2,ax3,ax4,ax5]):
    ax.imshow(X_test[randomly_selected_imgs[i]], cmap='gray')

    if i == 0:
        ax.set_ylabel("INPUT",size=40)
    ax.grid(False)
    ax.set_xticks([])
    ax.set_yticks([])

# 将自动编码器输出的图像绘制在第二行
for i, ax in enumerate([ax6,ax7,ax8,ax9,ax10]):
    ax.imshow(output[randomly_selected_imgs[i]].reshape(28,28),
    cmap='gray')
    if i == 0:
        ax.set_ylabel("OUTPUT",size=40)
    ax.grid(False)
    ax.set_xticks([])
    ax.set_yticks([])

plt.tight_layout()
plt.show()
```

输出结果如图 5-9 所示。

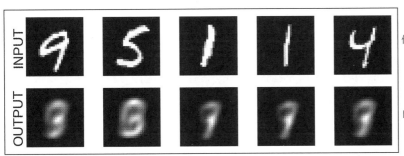

作为自动编码器输入的原始图像

自动编码器的输出结果

图 5-9

等一下，输出结果怎么会如此糟糕！它们看上去既模糊又潦草，一点也不像原始输入的图像。显然，当隐藏层只包含一个节点时，并不足以对数据集进行编码。此时的隐式表示尺寸对于自动编码器来说太小了，并不能使其捕捉到数据的显著特征。

5.6.2 隐藏层尺寸对自动编码器性能的影响

现在，增加隐藏层节点的个数并重新训练自动编码器，看看它表现如何。

下面代码创建并训练 5 个模型，这些模型分别具有 2、4、8、16 和 32 个隐藏层节点数：

```
hiddenLayerSize_2_model = create_basic_autoencoder(hidden_layer_size=2)
hiddenLayerSize_4_model = create_basic_autoencoder(hidden_layer_size=4)
hiddenLayerSize_8_model = create_basic_autoencoder(hidden_layer_size=8)
hiddenLayerSize_16_model = create_basic_autoencoder(hidden_layer_size=16)
hiddenLayerSize_32_model = create_basic_autoencoder(hidden_layer_size=32)
```

注意，每个模型的隐藏层节点数均为上一个模型的两倍。

现在同时训练这 5 个模型。我们在 fit 函数中使用 verbose=0 参数来隐藏函数的输出结果，具体代码如下：

```
hiddenLayerSize_2_model.compile(optimizer='adam',
loss='mean_squared_error')
hiddenLayerSize_2_model.fit(X_train_reshaped, X_train_reshaped,
epochs=10, verbose=0)

hiddenLayerSize_4_model.compile(optimizer='adam',loss='mean_squared_error')
hiddenLayerSize_4_model.fit(X_train_reshaped, X_train_reshaped,
```

```
epochs=10, verbose=0)

hiddenLayerSize_8_model.compile(optimizer='adam',loss='mean_squared_error')
hiddenLayerSize_8_model.fit(X_train_reshaped, X_train_reshaped,
epochs=10, verbose=0)

hiddenLayerSize_16_model.compile(optimizer='adam',loss='mean_squared_error')
hiddenLayerSize_16_model.fit(X_train_reshaped, X_train_reshaped,
epochs=10, verbose=0)

hiddenLayerSize_32_model.compile(optimizer='adam',
loss='mean_squared_error')
hiddenLayerSize_32_model.fit(X_train_reshaped, X_train_reshaped,
epochs=10, verbose=0)
```

模型训练完成后，使用测试数据集对其进行测试：

```
output_2_model = hiddenLayerSize_2_model.predict(X_test_reshaped)
output_4_model = hiddenLayerSize_4_model.predict(X_test_reshaped)
output_8_model = hiddenLayerSize_8_model.predict(X_test_reshaped)
output_16_model = hiddenLayerSize_16_model.predict(X_test_reshaped)
output_32_model = hiddenLayerSize_32_model.predict(X_test_reshaped)
```

现在，让我们从每个模型的输出结果中随机选取 5 幅图像并绘制，看看它们和原始图像的相似程度：

```
fig, axes = plt.subplots(7, 5, figsize=(15,15))

randomly_selected_imgs = random.sample(range(output.shape[0]),5)
outputs = [X_test, output, output_2_model, output_4_model, output_8_model,
output_16_model, output_32_model]

# 迭代每个子图并绘制相应图像
for row_num, row in enumerate(axes):
    for col_num, ax in enumerate(row):
        ax.imshow(outputs[row_num][randomly_selected_imgs[col_num]]. \
        reshape(28,28), cmap='gray')
        ax.grid(False)
        ax.set_xticks([])
        ax.set_yticks([])
```

```
plt.tight_layout()
plt.show()
```

输出结果如图 5-10 所示。

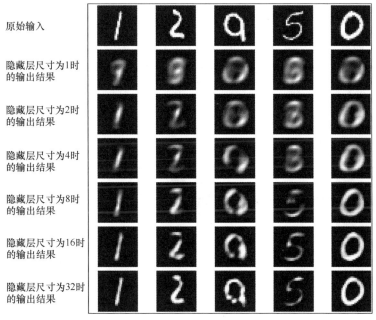

图 5-10

效果很好，不是吗？可以看到，随着隐藏层节点数的不断翻倍，转换结果也越来越好。同时，当隐藏层节点数增加时，输出图像也变得越来越清晰，越来越接近原始图像。

当隐藏层节点数为 32 时，输出结果已经非常接近原始输入了（尽管并不完美）。有趣的是，此时我们已经将原始输入缩小为原来的 2/49（784÷32），但自动编码器仍然可以产生效果理想的输出。这个压缩比率相当不错！

5.7　用于降噪的自动编码器

自动编码器的另外一个应用是图像降噪。我们将图像的噪声定义为图像中随机出现的亮斑。图像噪声可能由数码相机的传感器引起。尽管当今的数码相机已经能够捕捉非常高清的图像，但是当光线条件不理想时，仍会有图像噪声存在。

图像降噪是困扰研究人员多年的一项挑战。早期的图像降噪方法主要是对图像进行某种滤波操作（例如均值滤波——将某个像素点的强度设置为周围像素点强度的均值）。然而，这种方法有时并不奏效，结果很不理想。

几年前，研究人员发现，我们可以训练一个自动编码器用于图像降噪。这一想法背后的思考其实很简单。在训练卷积自动编码器时，我们使用的输入和输出图像并不完全一致（如 5.6 节介绍的那样），而是使用一个包含噪声的图像作为输入，同时使用一个清晰的图像作为输出参考来生成一个清晰的图像，如图 5-11 所示。

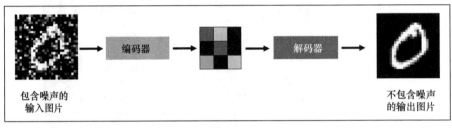

图 5-11

在训练过程中，自动编码器会学习到图像中包含的噪声并不是图像的一部分，并学会输出一个清晰的图像。从本质上讲，我们在训练自动编码器如何从图像中移除噪声！

现在，让我们向 MNIST 数据集中添加噪声。向原始图像的每个像素中随机加入 -0.5～0.5 的值，这么做的效果是我们随机增加或减少了对应像素点的强度值。可通过 numpy 库完成上述操作：

```
import numpy as np

X_train_noisy = X_train_reshaped + np.random.normal(0, 0.5,size=X_train_
reshaped.shape)
X_test_noisy = X_test_reshaped + np.random.normal(0, 0.5, size=X_test_
reshaped.shape)
```

接着，使用 clip 函数处理包含噪声的图像，将图像像素归一化为 0～1：

```
X_train_noisy = np.clip(X_train_noisy, a_min=0, a_max=1)
X_test_noisy = np.clip(X_test_noisy, a_min=0, a_max=1)
```

　　然后，使用与 5.6 节同样的方法来构建一个基础的自动编码器。该自动编码器包含一个具有 16 个节点的隐藏层。

　　使用 5.6 节定义的函数来创建一个自动编码器：

```
basic_denoise_autoencoder = create_basic_autoencoder(hidden_layer_size=16)
```

　　下一步，开始训练降噪自动编码器。记住，降噪自动编码器的输入数据是包含噪声的图像，输出数据是清晰的图像。下面的代码用于训练基础降噪自动编码器：

```
basic_denoise_autoencoder.compile(optimizer='adam',
loss='mean_squared_error')
basic_denoise_autoencoder.fit(X_train_noisy, X_train_reshaped, epochs=10)
```

　　一旦训练完成，我们就可以将其应用到测试数据集：

```
output = basic_denoise_autoencoder.predict(X_test_noisy)
```

　　绘制输出结果，并将其与原始图像和包含噪声的图像进行对比：

```
fig, ((ax1, ax2, ax3, ax4, ax5), (ax6, ax7, ax8, ax9, ax10),
(ax11,ax12,ax13,ax14,ax15)) = plt.subplots(3, 5, figsize=(20,13))
randomly_selected_imgs = random.sample(range(output.shape[0]),5)

# 第一行显示原始图像
for i, ax in enumerate([ax1,ax2,ax3,ax4,ax5]):
    ax.imshow(X_test_reshaped[randomly_selected_imgs[i]].reshape(28,28),
    cmap='gray')
    if i == 0:
        ax.set_ylabel("Original \n Images", size=30)
        ax.grid(False)
        ax.set_xticks([])
        ax.set_yticks([])

# 第二行显示输入的噪声图像
for i, ax in enumerate([ax6,ax7,ax8,ax9,ax10]):
    ax.imshow(X_test_noisy[randomly_selected_imgs[i]].reshape(28,28),
    cmap='gray')
    if i == 0:
        ax.set_ylabel("Input With \n Noise Added", size=30)
    ax.grid(False)
    ax.set_xticks([])
```

```
    ax.set_yticks([])

# 第三行显示自动编码器输出的图像
for i, ax in enumerate([ax11,ax12,ax13,ax14,ax15]):
    ax.imshow(output[randomly_selected_imgs[i]].reshape(28,28),
    cmap='gray')
    if i == 0:
        ax.set_ylabel("Denoised \n Output", size=30)
    ax.grid(False)
    ax.set_xticks([])
    ax.set_yticks([])

plt.tight_layout()
plt.show()
```

输出结果如图 5-12 所示。

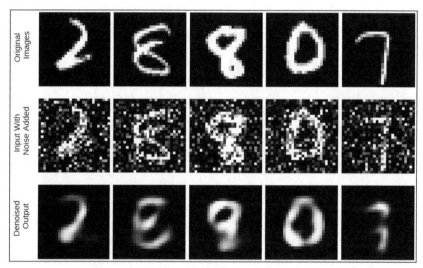

图 5-12

效果如何？好吧，还是有改进空间的！这个基础降噪自动编码器已经可以完美地移除噪声了，但是不能很好地重建原始图像。可以看到，基础降噪自动编码器有时候无法分辨数字和噪声，尤其是位于图像中部区域的像素。

深度卷积去噪编码器

可以获得比上述的单隐藏层自动编码器更好的效果吗？在第 4 章中，卷积神经网络在图像识别任务中表现出色。因此，我们自然而然地想到是否可以将卷积神经网络应用于自动编码器。我们使用多隐藏层（即深度网络）来代替单隐藏层结构，同时使用卷积层代替全连接层。

深度卷积自动编码器的模型结构如图 5-13 所示。

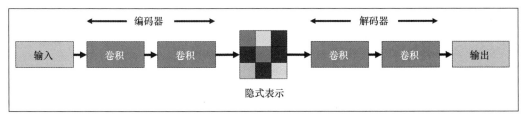

图 5-13

在 Keras 中创建一个深度卷积自动编码器是很简单的，再次使用 Keras 中的 `Sequential` 类来构建模型。

首先，创建一个新的 `Sequential` 类实例：

```
conv_autoencoder = Sequential()
```

然后，添加第一个卷积层，它在模型中作为编码器使用。在 Keras 中使用 `Conv2D` 类时需要定义一些参数，具体如下。

● 滤波器个数（number of filter）：一般来讲，编码器中的每一层的滤波器个数是递减的。与之相反的是，解码器中的每一层的滤波器个数是递增的。对于编码器中的第一个卷积层，我们使用 16 个滤波器，第二层则使用 8 个滤波器。而对于解码器，第一个卷积层使用 8 个滤波器，第二个卷积层则使用 16 个滤波器。

● 滤波器尺寸（filter size）：卷积层使用的滤波器的典型尺寸为 3 × 3。

● 填充（padding）：对于自动编码器来说，我们使用相同的填充，这确保了后续层的长宽相同。这一点很重要，因为我们希望输出图像的尺寸和输入图像的是相同的。

向模型中添加两个卷积层，并设置上述参数：

```
from keras.layers import Conv2D
```

```
conv_autoencoder.add(Conv2D(filters=16, kernel_size=(3,3),
activation='relu', padding='same',input_shape=(28,28,1)))
conv_autoencoder.add(Conv2D(filters=8, kernel_size=(3,3),
activation='relu', padding='same'))
```

接下来，向模型中添加解码器。和编码器层类似，解码器层也是卷积层，二者唯一的不同是：对于解码器层来说，其滤波器个数是递增的。

向模型中继续添加两个卷积层作为解码器：

```
conv_autoencoder.add(Conv2D(filters=8, kernel_size=(3,3),
activation='relu', padding='same'))
conv_autoencoder.add(Conv2D(filters=16, kernel_size=(3,3),
activation='relu', padding='same'))
```

最后，向模型中添加输出层。输出层同样为卷积层但仅包含一个滤波器，因为我们希望输出尺寸为 $28 \times 28 \times 1$ 的图像。输出层的激活函数则选用 sigmoid 函数。

下面的代码段用于添加最后的输出层：

```
conv_autoencoder.add(Conv2D(filters=1, kernel_size=(3,3),
activation='sigmoid', padding='same'))
```

输出模型结构，确保它和前文描述的模型结构是一致的。打印模型结构可以通过调用 summary 函数完成：

```
conv_autoencoder.summary()
```

输出结果如图 5-14 所示。

```
Layer (type)                 Output Shape              Param #
=================================================================
conv2d_1 (Conv2D)            (None, 28, 28, 16)        160
_____
conv2d_2 (Conv2D)            (None, 28, 28, 8)         1160
_____
conv2d_3 (Conv2D)            (None, 28, 28, 8)         584
_____
conv2d_4 (Conv2D)            (None, 28, 28, 16)        1168
_____
conv2d_5 (Conv2D)            (None, 28, 28, 1)         145
=================================================================
Total params: 3,217
Trainable params: 3,217
Non-trainable params: 0
```

图 5-14

现在已经完成了模型训练前的全部准备工作。和之前一样，我们使用 compile 函数定义训练过程并调用 fit 函数：

```
conv_autoencoder.compile(optimizer='adam', loss='binary_crossentropy')
conv_autoencoder.fit(X_train_noisy.reshape(60000,28,28,1),
X_train_reshaped.reshape(60000,28,28,1), epochs=10)
```

一旦训练完成，我们就会得到图 5-15 所示的输出结果。

```
Epoch 1/10
60000/60000 [==============================] - 17s 286us/step - loss: 0.1251
Epoch 2/10
60000/60000 [==============================] - 17s 279us/step - loss: 0.1039
Epoch 3/10
60000/60000 [==============================] - 17s 279us/step - loss: 0.1022
Epoch 4/10
60000/60000 [======================= ======] - 17s 280us/step - loss: 0.1012
Epoch 5/10
60000/60000 [==============================] - 17s 279us/step - loss: 0.1004
Epoch 6/10
60000/60000 [==============================] - 17s 279us/step - loss: 0.0998
Epoch 7/10
60000/60000 [==============================] - 17s 280us/step - loss: 0.0994
Epoch 8/10
60000/60000 [==============================] - 17s 280us/step - loss: 0.0990
Epoch 9/10
60000/60000 [==============================] - 17s 279us/step - loss: 0.0987
Epoch 10/10
60000/60000 [==============================] - 17s 282us/step - loss: 0.0985
```

图 5-15

将模型应用于测试数据集：

```
output = conv_autoencoder.predict(X_test_noisy.reshape(10000,28,28,1))
```

深度卷积自动编码器在测试数据集上的表现令人期待。注意，测试数据集中的数据是模型未曾见过的图像。

绘制输出图像，并将其与原始图像和包含噪声的图像进行对比：

```
fig, ((ax1, ax2, ax3, ax4, ax5), (ax6, ax7, ax8, ax9, ax10),
(ax11,ax12,ax13,ax14,ax15)) = plt.subplots(3, 5, figsize=(20,13))
randomly_selected_imgs = random.sample(range(output.shape[0]),5)

# 第1行显示原始图像
```

```
for i, ax in enumerate([ax1,ax2,ax3,ax4,ax5]):
    ax.imshow(X_test_reshaped[randomly_selected_imgs[i]].reshape(28,28),
    cmap='gray')
    if i == 0:
        ax.set_ylabel("Original \n Images", size=30)
    ax.grid(False)
    ax.set_xticks([])
    ax.set_yticks([])

# 第 2 行显示包含噪声的输入图像
for i, ax in enumerate([ax6,ax7,ax8,ax9,ax10]):
    ax.imshow(X_test_noisy[randomly_selected_imgs[i]].reshape(28,28),
    cmap='gray')
    if i == 0:
        ax.set_ylabel("Input With \n Noise Added", size=30)
    ax.grid(False)
    ax.set_xticks([])
    ax.set_yticks([])

# 第 3 行显示自动编码器的输出图像
for i, ax in enumerate([ax11,ax12,ax13,ax14,ax15]):
    ax.imshow(output[randomly_selected_imgs[i]].reshape(28,28),
    cmap='gray')
    if i == 0:
        ax.set_ylabel("Denoised \n Output", size=30)
    ax.grid(False)
    ax.set_xticks([])
    ax.set_yticks([])

plt.tight_layout()
plt.show()
```

输出结果如图 5-16 所示。

很神奇，不是吗？通过深度卷积自动编码器降噪后的输出结果非常棒，我们甚至看不出它与原始图像之间的差别。

降噪结果非常棒，而且我们只使用了非常简单的卷积模型。深度神经网络的优势在于我们可以随时增加模型的复杂度（即增加更多的层或增加每层的滤波器个数）以应对更加复杂的数据集。这种可扩展的能力也正是深度神经网络的主要优势之一。

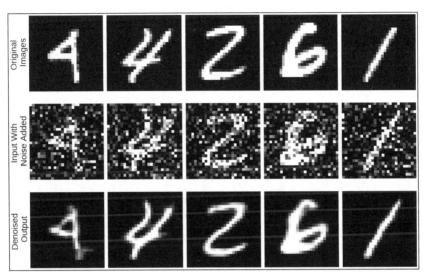

图 5-16

5.8　基于自动编码器的文件去噪

到目前为止，我们已经在 MNIST 数据集上测试了降噪自动编码器。现在，来研究一个更加复杂的数据集，这个数据集更能代表现实生活中我们面临的文件降噪问题。

我们使用的数据集由加州大学欧文分校（UCI）免费提供，关于这个数据集的更多信息，你可在网络上搜索关键词 UCI Machine Learning Repository: NoisyOffice Data Set 并访问相应的网站来获取。

这个数据集包含了 216 张包含噪声的图像。这些图像均为扫描文档，且已被咖啡渍或其他办公文件中常见的污染方式所污染。对于每一张包含噪声的图像，数据集均提供一张与之对应的清晰图像作为参考。

先来看看数据集中的图像，了解一下将要操作的数据。数据集位于下列文件夹中：

```
noisy_imgs_path = 'Noisy_Documents/noisy/'
clean_imgs_path = 'Noisy_Documents/clean/'
```

Noisy_Documents 文件夹包含两个子文件夹（noisy 和 clean），其中分别存放包含噪声的图像和清晰的图像。

想在 Python 中加载 .png 格式的文件，我们需要使用 Keras 提供的 load_img 函数。此外，将加载的图像转换成 numpy 数组，需要用到 Keras 提供的 img_to_array 函数。

下面的代码用于导入 /Noisy_Documents/noisy/ 中存放的包含噪声的 .png 格式图像并将其转换为 numpy 数组：

```
import os
import numpy as np
from keras.preprocessing.image import load_img, img_to_array

X_train_noisy = []

for file in sorted(os.listdir(noisy_imgs_path)):
    img = load_img(noisy_imgs_path+file, color_mode='grayscale',
    target_size=(420,540))
    img = img_to_array(img).astype('float32')/255
    X_train_noisy.append(img)

# 转换为 numpy 数组
X_train_noisy = np.array(X_train_noisy)
```

为了验证图像已经被正确加载为 numpy 数组，将数组的维度打印出来：

```
print(X_train_noisy.shape)
```

输出结果如图 5-17 所示。

可以看到，该数组包含 216 张图像，每张图像的尺寸均为 420 × 540 ×1（宽 × 高 × 通道数）。

(1, 045, 054, 216)

图 5-17

对清晰的图像重复上述操作。导入 /Noisy_Documents/clean/ 文件夹中存放的清晰图像并将其转换为 numpy 数组：

```
X_train_clean = []

for file in sorted(os.listdir(clean_imgs_path)):
```

```
img = load_img(clean_imgs_path+file, color_mode='grayscale',
target_size=(420,540))
img = img_to_array(img).astype('float32')/255
X_train_clean.append(img)
```

```
# 转换为 numpy 数组
X_train_clean = np.array(X_train_clean)
```

接下来，对加载后的图像进行可视化，以便我们对将要操作的图像数据有所了解。随机选取 3 张图像并将其绘制出来：

```
import random
fig, ((ax1,ax2), (ax3,ax4),
      (ax5,ax6)) = plt.subplots(3, 2, figsize=(10,12))

randomly_selected_imgs = random.sample(range(X_train_noisy.shape[0]),3)

# 在左侧绘制包含噪声的图像
for i, ax in enumerate([ax1,ax3,ax5]):
    ax.imshow(X_train_noisy[i].reshape(420,540), cmap='gray')
    if i == 0:
        ax.set_title("Noisy Images", size=30)
    ax.grid(False)
    ax.set_xticks([])
    ax.set_yticks([])

# 在右侧绘制不包含噪声的图像
for i, ax in enumerate([ax2,ax4,ax6]):
    ax.imshow(X_train_clean[i].reshape(420,540), cmap='gray')
    if i == 0:
        ax.set_title("Clean Images", size=30)
    ax.grid(False)
    ax.set_xticks([])
    ax.set_yticks([])

plt.tight_layout()
plt.show()
```

输出结果如图 5-18 所示。

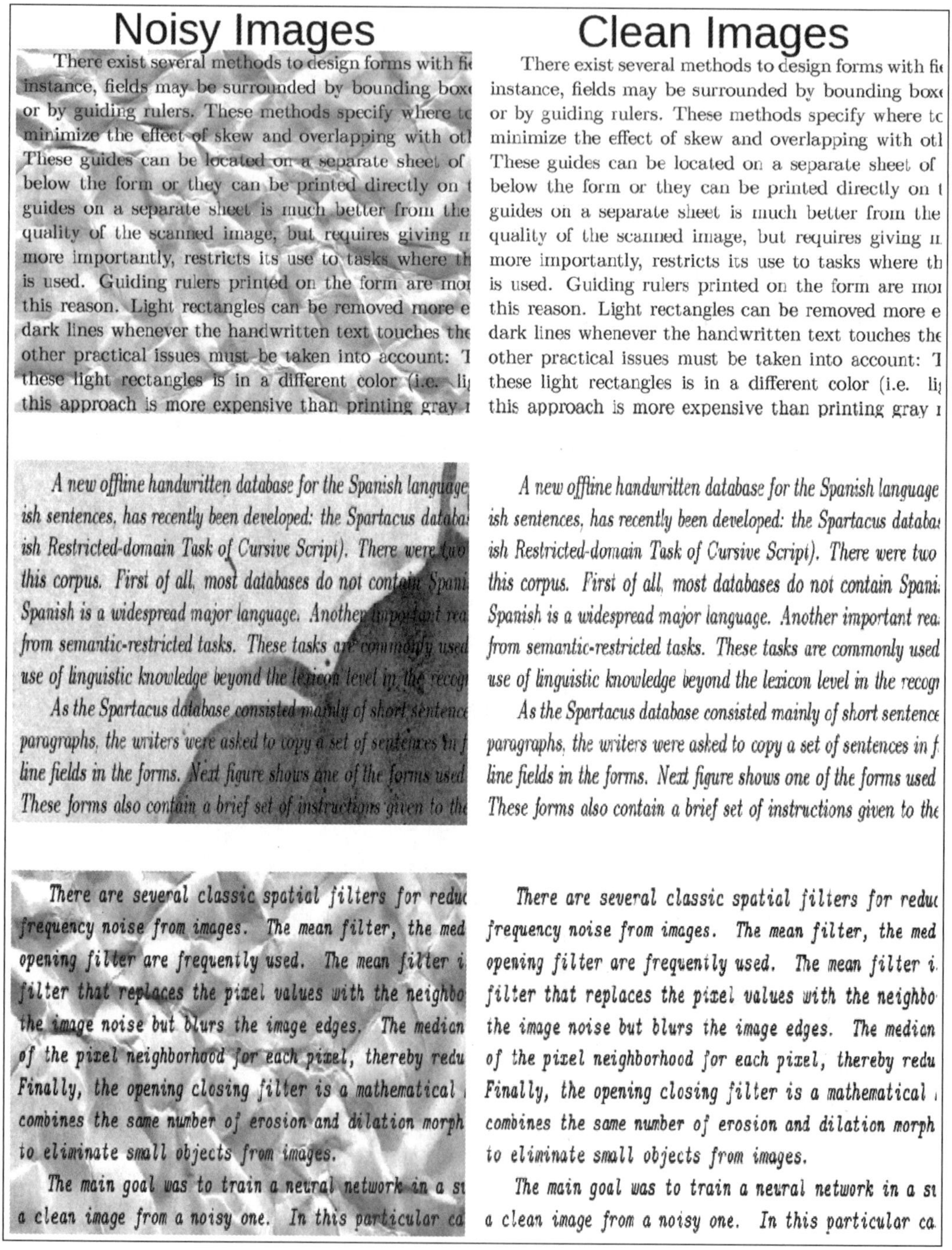

Noisy Images

There exist several methods to design forms with fic
instance, fields may be surrounded by bounding boxe
or by guiding rulers. These methods specify where to
minimize the effect of skew and overlapping with otl
These guides can be located on a separate sheet of
below the form or they can be printed directly on t
guides on a separate sheet is much better from the
quality of the scanned image, but requires giving n
more importantly, restricts its use to tasks where th
is used. Guiding rulers printed on the form are mon
this reason. Light rectangles can be removed more e
dark lines whenever the handwritten text touches the
other practical issues must be taken into account: T
these light rectangles is in a different color (i.e. li
this approach is more expensive than printing gray n

A new offline handwritten database for the Spanish language
ish sentences, has recently been developed: the Spartacus databa
ish Restricted-domain Task of Cursive Script). There were two
this corpus. First of all, most databases do not contain Spani
Spanish is a widespread major language. Another important rea
from semantic-restricted tasks. These tasks are commonly used
use of linguistic knowledge beyond the lexicon level in the recog

 As the Spartacus database consisted mainly of short sentence
paragraphs, the writers were asked to copy a set of sentences in f
line fields in the forms. Next figure shows one of the forms used
These forms also contain a brief set of instructions given to the

There are several classic spatial filters for reduc
frequency noise from images. The mean filter, the med
opening filter are frequently used. The mean filter i
filter that replaces the pixel values with the neighbo
the image noise but blurs the image edges. The median
of the pixel neighborhood for each pixel, thereby redu
Finally, the opening closing filter is a mathematical
combines the same number of erosion and dilation morph
to eliminate small objects from images.

 The main goal was to train a neutral network in a st
a clean image from a noisy one. In this particular ca

Clean Images

There exist several methods to design forms with fic
instance, fields may be surrounded by bounding boxe
or by guiding rulers. These methods specify where to
minimize the effect of skew and overlapping with otl
These guides can be located on a separate sheet of
below the form or they can be printed directly on t
guides on a separate sheet is much better from the
quality of the scanned image, but requires giving n
more importantly, restricts its use to tasks where th
is used. Guiding rulers printed on the form are mon
this reason. Light rectangles can be removed more e
dark lines whenever the handwritten text touches the
other practical issues must be taken into account: T
these light rectangles is in a different color (i.e. li
this approach is more expensive than printing gray n

A new offline handwritten database for the Spanish language
ish sentences, has recently been developed: the Spartacus databa
ish Restricted-domain Task of Cursive Script). There were two
this corpus. First of all, most databases do not contain Spani
Spanish is a widespread major language. Another important rea
from semantic-restricted tasks. These tasks are commonly used
use of linguistic knowledge beyond the lexicon level in the recog

 As the Spartacus database consisted mainly of short sentence
paragraphs, the writers were asked to copy a set of sentences in f
line fields in the forms. Next figure shows one of the forms used
These forms also contain a brief set of instructions given to the

There are several classic spatial filters for reduc
frequency noise from images. The mean filter, the med
opening filter are frequently used. The mean filter i
filter that replaces the pixel values with the neighbo
the image noise but blurs the image edges. The median
of the pixel neighborhood for each pixel, thereby redu
Finally, the opening closing filter is a mathematical
combines the same number of erosion and dilation morph
to eliminate small objects from images.

 The main goal was to train a neutral network in a st
a clean image from a noisy one. In this particular ca

图 5-18

可以看到，这个数据集中的噪声形式和我们之前在 MNIST 数据集上看到的噪声完全不一样。此处的噪声为一些随机出现在图像上的污渍。我们的自动编码器必须能够更好地识别信号和噪声的特征以便对数据集中的图像进行降噪。

在开始训练模型之前，需要将数据集分割为训练数据集和测试数据集：

```
# 使用前 20 张噪声图像作为测试图像
X_test_noisy = X_train_noisy[0:20,]
X_train_noisy = X_train_noisy[21:,]

# 使用前 20 张清晰图像作为测试图像
X_test_clean = X_train_clean[0:20,]
X_train_clean = X_train_clean[21:,]
```

5.8.1 基本的卷积自动编码器

现在，我们可以开始解决实际问题了。首先构建一个基础模型，看看它的效果如何。

一如既往，首先创建一个 Sequential 类的实例：

```
basic_conv_autoencoder = Sequential()
```

随后，添加一个卷积层作为编码器层：

```
basic_conv_autoencoder.add(Conv2D(filters=8, kernel_size=(3,3),
activation='relu', padding='same', input_shape=(420,540,1)))
```

再添加一个卷积层作为解码器层：

```
basic_conv_autoencoder.add(Conv2D(filters=8, kernel_size=(3,3),
activation='relu', padding='same'))
```

最后，添加输出层：

```
basic_conv_autoencoder.add(Conv2D(filters=1, kernel_size=(3,3),
activation='sigmoid', padding='same'))
```

检查一下模型的结构：

```
basic_conv_autoencoder.summary()
```

输出结果如图 5-19 所示。

```
Layer (type)                    Output Shape              Param #
=================================================================
conv2d_26 (Conv2D)              (None, 420, 540, 8)       80

conv2d_27 (Conv2D)              (None, 420, 540, 8)       584

conv2d_28 (Conv2D)              (None, 420, 540, 1)       73
=================================================================
Total params: 737
Trainable params: 737
Non-trainable params: 0
```

图 5-19

开始训练基础卷积自动编码器：

```
basic_conv_autoencoder.compile(optimizer='adam', loss='binary_
crossentropy')
basic_conv_autoencoder.fit(X_train_noisy, X_train_clean, epochs=10)
```

训练完成后，将模型应用于测试数据集：

```
output = basic_conv_autoencoder.predict(X_test_noisy)
```

将输出结果绘制出来，看看效果如何。下面的代码会将带有噪声的图像绘制在左侧，将原始图像绘制在中间，然后将降噪后的图像绘制在右侧：

```
fig, ((ax1,ax2,ax3),(ax4,ax5,ax6)) = plt.subplots(2,3, figsize=(20,10))

randomly_selected_imgs = random.sample(range(X_test_noisy.shape[0]),2)

for i, ax in enumerate([ax1, ax4]):
    idx = randomly_selected_imgs[i]
    ax.imshow(X_test_noisy[idx].reshape(420,540), cmap='gray')
    if i == 0:
        ax.set_title("Noisy Images", size=30)
    ax.grid(False)
    ax.set_xticks([])
    ax.set_yticks([])

for i, ax in enumerate([ax2, ax5]):
    idx = randomly_selected_imgs[i]
    ax.imshow(X_test_clean[idx].reshape(420,540), cmap='gray')
    if i == 0:
```

```
        ax.set_title("Clean Images", size=30)
    ax.grid(False)
    ax.set_xticks([])
    ax.set_yticks([])

for i, ax in enumerate([ax3, ax6]):
    idx = randomly_selected_imgs[i]
    ax.imshow(output[idx].reshape(420,540), cmap='gray')
    if i == 0:
        ax.set_title("Output Denoised Images", size=30)
    ax.grid(False)
    ax.set_xticks([])
    ax.set_yticks([])

plt.tight_layout()
plt.show()
```

输出结果如图 5-20 所示。

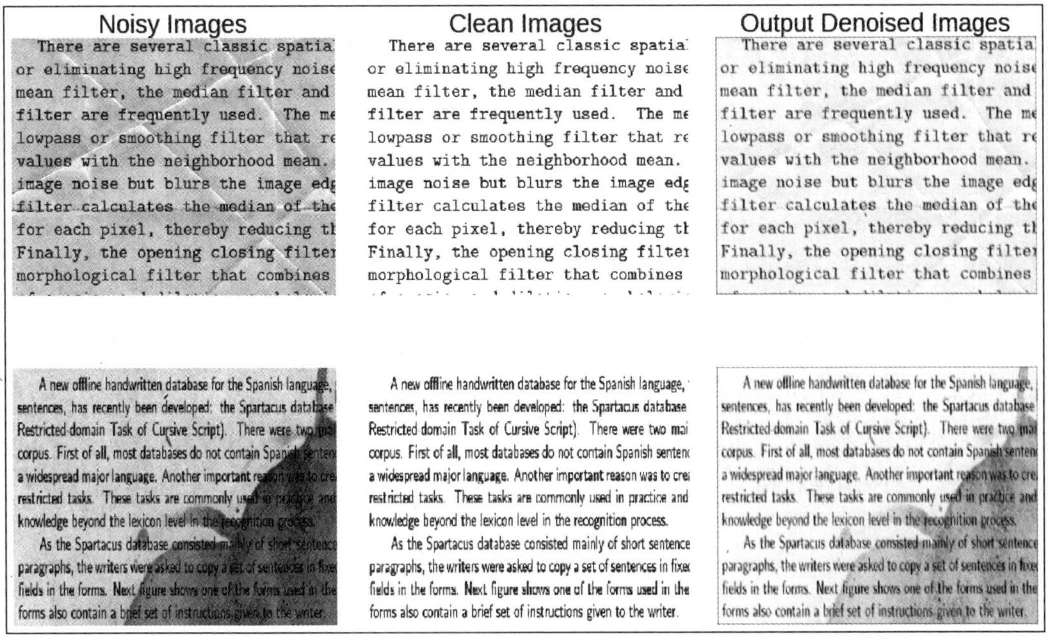

图 5-20

好吧，模型性能还有提高的空间。降噪后的图像背景颜色变为了灰色，而不是清晰图像中的白色背景。同时，模型在移除图像中的咖啡渍方面，表现也不尽如人意。不仅如此，降噪后的图像的文字内容变得模糊，这说明模型没能很好地完成降噪任务。

5.8.2　深度卷积自动编码器

让我们增加模型的深度，同时增加每个卷积层中的滤波器数量。

首先创建一个 Sequential 类的实例：

```
conv_autoencoder = Sequential()
```

随后，添加 3 个卷积层作为编码器，它们分别包含 32 个、16 个和 8 个滤波器：

```
conv_autoencoder.add(Conv2D(filters=32, kernel_size=(3,3),
input_shape=(420,540,1), activation='relu', padding='same'))
conv_autoencoder.add(Conv2D(filters=16, kernel_size=(3,3),
activation='relu', padding='same'))
conv_autoencoder.add(Conv2D(filters=8, kernel_size=(3,3),
activation='relu', padding='same'))
```

同样，对于解码器，我们也添加 3 个卷积层，它们分别包含 8 个、16 个和 32 个滤波器：

```
conv_autoencoder.add(Conv2D(filters=8, kernel_size=(3,3),
activation='relu', padding='same'))
conv_autoencoder.add(Conv2D(filters=16, kernel_size=(3,3),
activation='relu', padding='same'))
conv_autoencoder.add(Conv2D(filters=32, kernel_size=(3,3),
activation='relu', padding='same'))
```

最后添加一个输出层：

```
conv_autoencoder.add(Conv2D(filters=1, kernel_size=(3,3),
activation='sigmoid', padding='same'))
```

检查一下模型结构：

```
conv_autoencoder.summary()
```

输出结果如图 5-21 所示。

从上述输出结果可以看到，模型中有 12 785 个参数，是此前模型的 17 倍。

```
Layer (type)                 Output Shape              Param #
=================================================================
conv2d_29 (Conv2D)           (None, 420, 540, 32)      320
_____
conv2d_30 (Conv2D)           (None, 420, 540, 16)      4624
_____
conv2d_31 (Conv2D)           (None, 420, 540, 8)       1160
_____
conv2d_32 (Conv2D)           (None, 420, 540, 8)       584
_____
conv2d_33 (Conv2D)           (None, 420, 540, 16)      1168
_____
conv2d_34 (Conv2D)           (None, 420, 540, 32)      4640
_____
conv2d_35 (Conv2D)           (None, 420, 540, 1)       289
=================================================================
Total params: 12,785
Trainable params: 12,785
Non-trainable params: 0
```

图 5-21

接下来训练模型并将其应用于测试图像：

```
conv_autoencoder.compile(optimizer='adam', loss='binary_crossentropy')
conv_autoencoder.fit(X_train_noisy, X_train_clean, epochs=10)

output = conv_autoencoder.predict(X_test_noisy)
```

 注意，如果你不是在 GPU 上运行上面的代码，那么可能会花上一些时间才能完成训练。如果模型训练花费时间过长，你可以适当减少每个卷积层中滤波器的个数。

最后，将输出结果绘制出来，看看模型效果如何。下面的代码将包含噪声的图像绘制在最左侧，将清晰的图像绘制在中间，同时将降噪后的图像绘制在最右侧：

```
fig, ((ax1,ax2,ax3),(ax4,ax5,ax6)) = plt.subplots(2,3, figsize=(20,10))

randomly_selected_imgs = random.sample(range(X_test_noisy.shape[0]),2)

for i, ax in enumerate([ax1, ax4]):
    idx = randomly_selected_imgs[i]
    ax.imshow(X_test_noisy[idx].reshape(420,540), cmap='gray')
    if i == 0:
        ax.set_title("Noisy Images", size=30)
    ax.grid(False)
    ax.set_xticks([])
    ax.set_yticks([])
```

```python
for i, ax in enumerate([ax2, ax5]):
    idx = randomly_selected_imgs[i]
    ax.imshow(X_test_clean[idx].reshape(420,540), cmap='gray')
    if i == 0:
        ax.set_title("Clean Images", size=30)
    ax.grid(False)
    ax.set_xticks([])
    ax.set_yticks([])

for i, ax in enumerate([ax3, ax6]):
    idx = randomly_selected_imgs[i]
    ax.imshow(output[idx].reshape(420,540), cmap='gray')
    if i == 0:
        ax.set_title("Output Denoised Images", size=30)
    ax.grid(False)
    ax.set_xticks([])
    ax.set_yticks([])

plt.tight_layout()
plt.show()
```

输出结果如图 5-22 所示。

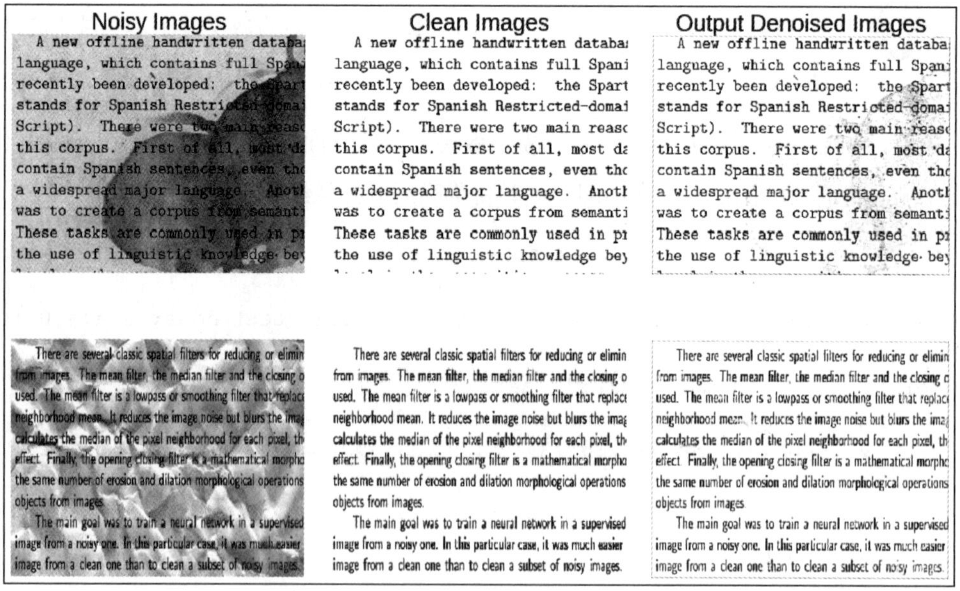

图 5-22

效果太棒了！降噪后的图像非常清晰，看上去和原始清晰图像毫无二致。可以看到，扫描件上的咖啡渍几乎完全移除了，纸面上的褶皱也不复存在。不仅如此，降噪后的文件字迹更加清晰，更容易阅读。

这个数据集充分展现了自动编码器的能力。通过增加卷积层深度和滤波器个数，模型能够很好地分辨信号和噪声，使得我们可以对这些被严重污染的文件进行降噪处理。

5.9 小结

在本章，我们学习了自动编码器。自动编码器是神经网络的一种，它用于学习输入图像的隐式表示。我们看到，自动编码器包含编码器和解码器两个部分。编码器的作用是将输入数据编码为经过学习的压缩表示，而解码器的作用是利用压缩表示重建原始输入数据。

我们首先学习了如何利用自动编码器进行图像压缩。通过完全一致的输入、输出数据来训练自动编码器，使其能够学习到输入数据最显著的特征。我们利用 MNIST 图像构建了一个压缩率为 24.5 倍的自动编码器。自动编码器可以基于 24.5 倍压缩率的压缩表示成功重建原始图像。

随后，我们学习了用于降噪的自动编码器。将噪声图像和清晰图像分别用作输入输出，我们训练出的自动编码器可以分辨出信号中的噪声，并能够成功地对噪声图像进行降噪。我们还训练了一个深度卷积自动编码器，这个自动编码器可以成功移除扫描文件上的咖啡渍和其他噪声。深度卷积自动编码器的降噪效果令人印象深刻，它几乎可以完美地移除文件中的噪声并生成一个和原始清晰图像毫无二致的图像。

在第 6 章，我们会使用长短期记忆（LSTM）神经网络来判断影评所包含的情感态度。

5.10 习题

1. 问：自动编码器和传统的前馈神经网络有何不同？

答：自动编码器是一类神经网络，它用于学习并创建输入数据的压缩表示，即隐式表示。它与传统的前馈神经网络不同，它的模型结构包含编码器和解码器两部分，这在卷积神经网络中是没有的。

2．问：如果自动编码器学习到的隐式表示过小，会有什么后果？

答：隐式表示的尺寸不能太大，太大则数据压缩效果不好，同时，隐式表示的尺寸也不能太小，否则解码器在重建原始输入时会有很大的损失。

3．问：降噪自动编码器的输入和输出分别是什么？

答：降噪自动编码器的输入需要是包含噪声的图像，而输出则是作为参考的清晰图像。这样在训练过程中，自动编码器学习到输出结果不能包含任何噪声（通过损失函数评估），并且隐式表示必须只包含信号（不包含噪声的元素）。

4．问：有哪些方法可以提高降噪自动编码器的复杂度？

答：对于降噪自动编码器来说，卷积层效果要比全连接层好。就像在图像分类任务中，卷积神经网络效果比前馈神经网络效果好一样。我们可以通过创建更多的层来增加模型深度，以及增加每个卷积层中滤波器的个数来提高模型复杂度。

第 6 章
使用长短期记忆网络进行情感分析

在之前的章节中，我们学习了多种神经网络模型，例如，用于分类问题和回归问题的基础 MLP 和前馈神经网络。此外，我们还研究了卷积神经网络，并且学习了如何在图像识别任务中使用它。在本章，我们将注意力转移到 RNN（recurrent neural network）上，更准确地讲是长短期记忆（Long Short-Term Memory，LSTM）网络，并研究如何将其应用于自然语言处理（NLP）这样的序列问题。我们会开发并训练一个 LSTM 网络，以对 IMDb 网站上的影评进行情感分析。

本章包括以下内容：

- 机器学习中的线性问题；

- 自然语言处理和情感分析；

- RNN 和长短期记忆神经网络简介；

- 分析 IMDb 影评数据集；

- 词嵌入（word embedding）；

- 在 Keras 中逐步构建并训练 LSTM；

- 结果分析。

6.1 技术需求

本章中需要的关键 Python 函数库如下：

- matplotlib 3.0.2；

- Keras 2.2.4；

- seaborn 0.9.0；

- scikit-learn 0.20.2。

把代码下载到你的计算机，你需要执行 `git clone` 命令。

下载完成后，会出现一个名字为 `Neural-Network-Projects-with-Python` 的文件夹，使用如下命令进入该文件夹：

```
$ cd Neural-Network-Projects-with-Python
```

在虚拟环境中安装所需 Python 库请执行如下命令：

```
$ conda env create -f environment.yml
```

注意，在执行上述代码前，你首先需要在你的计算机上安装 Anaconda。

想进入虚拟环境，请执行下面的命令：

```
$ conda activate neural-network-projects-python
```

通过执行下面的命令进入 Chapter06 文件夹：

```
$ cd Chapter06
```

Chapter06 文件夹中包含如下文件。

- `lstm.py`：包含本章节的主要代码。

通过下列指令可以执行 `lstm.py` 文件：

```
$ python lstm.py
```

6.2 机器学习中的顺序问题

线性问题是机器学习中的一类问题，对于这类问题，特征出现的顺序对于模型做决策是至关重要的。线性问题通常会出现在如下场景中：

- 自然语言处理（NLP），包括情感分析、翻译和文本预测；

- 时间序列预测。

例如，图 6-1 所示的文本预测问题，就属于自然语言处理。

人类与生俱来的能力使我们可以轻易地确定括号里面可能缺失的词为 Japanese。因为我们在阅读句子的时候，我们以序列的形式理解单词。单词的顺序为我们提供了预测的依据。对比图 6-2 所示的另外一种场景，此时我们丢弃了句子的顺序属性，单独地考虑各个单词。

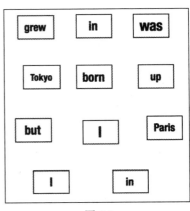

"I WAS BORN IN PARIS BUT I GREW UP IN TOKYO. THEREFORE, I SPEAK FLUENT _____ .

图 6-1   图 6-2

显然在这种情况下，我们预测单词的能力会大打折扣。如果不知道单词出现的顺序，也就无从推测缺失的单词。

除了文本预测之外，情感分析和自然语言翻译同样属于顺序问题。事实上，很多自然语言处理问题都是顺序问题，因为我们在使用语言时就是按照顺序来表述的，词语出现的顺序向我们传达了文本的上下文以及其他微妙的信息。

顺序问题同样也出现在时间序列问题中。时间序列问题常出现于股市中。通常，我们希望预测某只股票在某一天是涨是跌，这正是一个时间序列问题，因为弄清楚股价在之前一段时间的变化情况是预测这只股票涨跌的关键。如今，机器学习方法已经广泛地应用于该领域，它使用基于算法的交易策略来进行股票的买卖。

在本章，我们将专注研究自然语言处理问题。具体来讲，我们会创建一个用于情感分析的神经网络。

6.3　自然语言处理和情感分析

自然语言处理是人工智能的一个子领域，它专注于计算机与人类语言之间的交互。早在 20 世纪 50 年代，科学家就对设计一个能够理解人类语言的智能机器非常感兴趣。早期人们开发翻译机的时候主要使用基于规则的方法，该方法是由一群语言专家通过人工编写规则的方式对机器进行编码。然而，这种基于规则的方法并非是最优的，而且通常无法将某种语言的规则应用于其他语言，因此难以大规模推广。此后几十年间，自然语言处理领域并没有太多进展，人类语言似乎是人工智能难以克服的难题——直到深度学习改变了这一切。

随着深度学习和神经网络在图像分类领域的广泛应用，科学家开始思考神经网络的能力是否也可以应用在自然语言处理领域。在 21 世纪初期，苹果、亚马逊以及谷歌这样的科技巨头开始将 LSTM 网络应用于自然语言处理问题，并取得了令人惊讶的效果。像 Siri 和 Alexa 这样的人工智能助手，现在已经能够理解多种语言和不同口音，这都要归功于深度学习和 LSTM 网络。最近几年，我们同样可以看到翻译软件的长足进步，例如谷歌翻译就是其中的代表之作，它的翻译能力甚至可以媲美人类专家。

情感分析（sentiment analysis）也是受益于深度学习复兴的一个自然语言处理领域。情感分析指的是对文本内容是否具有正面情感进行预测。大多数的情感分析问题属于分类问题（正面/中立/负面），而不是回归问题。

情感分析有很多实际的应用场景。例如，客服中心通过对用户发表在 Yelp 和

Facebook 等平台上的评论进行分析来获取用户的满意度。这可以帮助我们发现客户的不满并迅速采取措施，防止客户流失。

情感分析同样也可以应用于股票交易领域。2010 年，科学家展示了通过对推特上的推文进行采样（正面还是负面），我们可以预测股票市场的涨跌。同样地，高频交易公司通过分析与特定公司相关的新闻并依据其中包含的情感信息来进行自动化交易。

为什么情感分析很困难

由于人类语言可以包含微妙的信息，因此早期的情感分析面临很多挑战。同样的词语可能在不同的语境下有着不同的含义，如图 6-3 所示的两个句子。

我们能够理解第一个句子包含负面情感，因为这句话可能意味着建筑真着火了。而另外一个句子，我们能够感受到其中所包含的正面情感，因为一个人并不可能会真着火，而是说这个人今天充满激情，这是一种正面的情感。基于规则的情感分析方法不能识别这些细微差异，而且以基于规则的方式来编码这些知识是极其复杂的。

造成情感分析问题很困难的另外一个原因是讽刺的存在。讽刺的表达方式在很多文化中都存在，特别是对于网络这种媒介来说就更为普遍了。计算机很难理解讽刺。实际上，有时候人类甚至也不能完全地理解它，例如图 6-4 所示的这个句子。

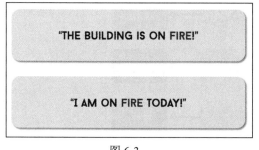

"THE BUILDING IS ON FIRE!"

"I AM ON FIRE TODAY!"

"THANKS FOR LOSING MY LUGGAGE! WHAT A WAY TO TREAT A LOYAL CUSTOMER"

图 6-3 　　　　　　　　　　　　　图 6-4

你肯定能从上述句子中读出讽刺的意味和其中的负面情感。然而对于程序来说，要做到这一点可不容易。

在后面的内容中，我们会接触到 RNN 和长短期记忆网络，并学习它们是如何处理情感分析问题的。

6.4　RNN

到目前为止，我们已经接触过了 MLP、前馈神经网络和卷积神经网络。这些神经网络的限制是它们的输入只接收固定长度的向量（例如图像），并且输出另外一个向量。从宏观的角度来看，这些神经网络可以被概括为图 6-5 所示的这种形式。

图 6-5

这种模型结构上的限制决定了卷积神经网络难以处理序列数据。为了处理序列数据，卷积神经网络必须按照数据的出现顺序，每次取出数据中特定比例的内容。这正是构建 RNN 的思路。RNN 的宏观结构如图 6-6 所示。

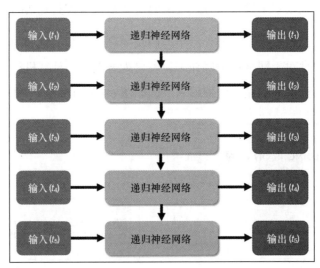

图 6-6

如图 6-6 所示，RNN 是一个多层结构的神经网络。我们可以将输入的原始数据按照时间顺序拆分成多个部分。例如，如果输入的原始数据为一个句子，我们可以把它拆分为多个单词（这种情况下，每一个单词就代表一个时间步长（time step））。每个单词都会作为 RNN 中对应层的输入。更重要的是，RNN 将它每一层的输出结果分别传递给下一层。在两个层之间传递的中间结果被称为隐藏状态（hidden state）。从本质上讲，隐藏状态使得 RNN 可以记住序列数据的中间状态。

6.4.1 RNN 的内部结构

现在来仔细看看 RNN 的每一层都发生了什么。RNN 内部的数学函数如图 6-7 所示。

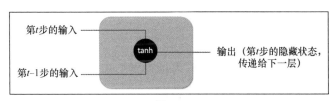

图 6-7

RNN 中的数学公式非常简单。对于 t 层，包含两个输入：

● 来自时间序列第 t 步的输入；

● 从 t−1 层传递的隐藏状态。

RNN 中的每一层都会将这两个输入进行求和然后对其应用 tanh 函数。输出结果作为隐藏状态被传递到下一层。就是这么简单！t 层的隐藏状态的数学公式如下：

$$s_t = \tanh(s_{t-1} + x_t)$$

但是 tanh 函数究竟是什么呢？tanh 函数是双曲正切函数，它将数值压缩至−1~1，如图 6-8 所示。

若希望对当前输出和前序隐藏状态的组合进行非线性变化，那么 tanh 函数是个很好的选择。因为它可以保证权重不会产生明显的偏移。同时，它还有其他非常不错的数学特性，如它很容易微分。

最后，从 RNN 的最后一层获取输出结果，然后对其应用 sigmoid 函数：

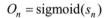

$$O_n = \text{sigmoid}(s_n)$$

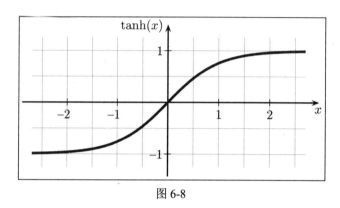

图 6-8

在上述等式中，n 表示 RNN 最后一层的索引值。回忆一下之前的内容，sigmoid 函数的输出结果介于 0 到 1 之间，这使得它可以得到结果属于不同类别的概率。

可以看到，如果将所有的层堆叠起来组成 RNN，那么该 RNN 最终的输出结果取决于不同时间步长时输入的非线性组合。

6.4.2　RNN 中的长短期依赖

RNN 的网络结构使其非常适合处理序列数据。让我们看一个更加具体的例子，来理解 RNN 是如何处理不同长度的序列化数据的。

首先，我们先来研究一个由简短文字构成的序列化数据，如图 6-9 所示。

对于这个短句，我们可以将其看作序列化的数据，将其分割为 5 个独立的输入，并对应于不同的时间步长，如图 6-10 所示。

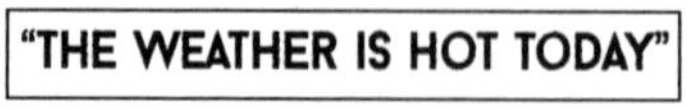

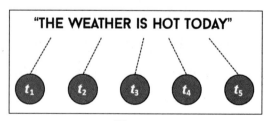

"THE WEATHER IS HOT TODAY"

图 6-9

图 6-10

现在，假设要构建一个简单的 RNN 并使它能够根据输入的序列化数据预测是否会下雪。这个卷积神经网络的结构应当如图 6-11 所示。

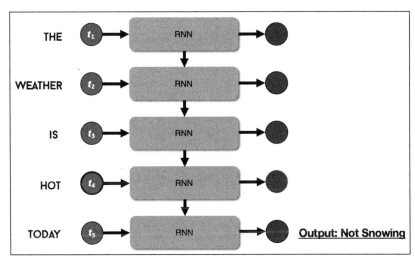

图 6-11

在这些序列化数据中，最关键的词是 HOT（热），它出现在第 4 步（t_4，用圈标注）。基于这个信息，RNN 可以轻易地得出今天不会下雪的结论。注意，这个关键信息在倒数第 2 个输入才出现。换言之，我们可以说在这个序列中存在短期依赖。

显然，RNN 可以处理短期依赖。但是，对于长期依赖呢？来看一个更长的文本。以图 6-12 所示的段落为例。

"I really liked the movie but I was disappointed in the service and cleanliness of the cinema. The cinema should be better maintained in order to provide a better experience for customers."

图 6-12

我们的目标是判断客户是否喜欢该电影。显然，客户很喜欢电影，但他花了很大的篇幅抱怨这个电影院。把这个段落分割为序列化输入，每个词作为一个时间步长（32 个时间步长对应组成该段落的 32 个词语），则 RNN 如图 6-13 所示。

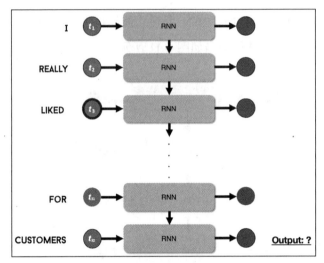

图 6-13

关键词是 liked the movie（喜欢这部电影），它出现在第 3 步和第 5 步。注意，这几个关键的输入和最后的输入相距比较远，也就是说剩下的文本内容都和预测该问题（判断观众是否喜欢该电影）没有什么关系。我们称这个序列包含长期依赖。

不幸的是，RNN 并不能很好地处理长期依赖序列。RNN 具有很好的短期记忆，但并不擅长长期记忆。为了搞清楚其背后的原因，我们需要了解训练神经网络时的梯度消失问题。

6.4.3　梯度消失问题

当使用基于梯度的方法（例如反向传播）来训练深度神经网络时，会出现梯度消失问题。回忆一下之前的内容，我们曾经探讨过训练神经网络用到的反向传播算法。具体来说，损失函数提供了衡量预测准确性的标准，并促使我们调节每一层中的权重以减小损失值。

到目前为止，我们始终假定反向传播能够很好地工作。但不幸的是，这并非事实。当损失进行反向传播时，其值会呈递减趋势，如图 6-14 所示。

因此，当损失值反向传播到模型的前几层时已经变得非常小，以至于这些层的权重并不会有太多的改变。由于反向传播的损失值过小，所以想要依此来调节模型前几层的权重几乎是不可能的。这一现象被称为机器学习过程中的梯度消失问题。

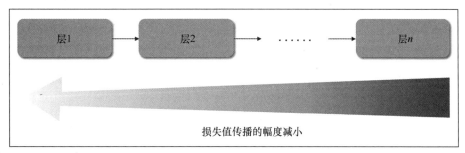

图 6-14

有趣的是，梯度消失问题并不会影响卷积神经网络处理计算机视觉问题。但是对于序列化数据和 RNN，梯度消失问题会对模型造成非常大的影响。梯度消失意味着 RNN 不能从较早的层（较早的时间步骤）中学习到信息，这将导致模型具有非常差的长期记忆。

针对这一问题，Hochreiter 等人提出了被称为长短期记忆（LSTM）网络的变种 RNN。

6.5 LSTM 网络

LSTM 是 RNN 的一个变种，它可以解决传统 RNN 面临的长期依赖问题。在深入讲解 LSTM 网络的技术细节前，让我们先了解一下其背后的思想。

6.5.1 LSTM——直观感受

正如我们之前介绍的那样，LSTM 被设计出来的目的是解决长期依赖问题。假定我们有图 6-15 所示的一条影评。

我们的任务是预测用户是否喜欢这部电影。在阅读这条影评时，我马上就能理解它对电影的评价是正面的。具体来讲，图 6-16 中标记的文字非常重要。

如果我们认为只有这些高亮的词汇是重要的信息，那么就可以忽略其他的词。这是

一条非常重要的策略。通过选择性地记忆某些特定的词汇，我们可以确保神经网络不会
困于大量不能为预测提供支持的词汇中。这一点是 LSTM 和传统 RNN 的不同之处。传
统的 RNN 倾向于记住全部的输入（甚至包括那些被认为是没有必要的输入），这就导
致了它无法学习较长的序列。与之相对的是，LSTM 仅选择性地记忆某些重要的输入
（例如在段落中标记出来的文本），这使得 LSTM 网络可以同时处理好短期依赖和长期
依赖。

"I loved this movie! The action sequences were on point and the acting was terrific. Highly recommended!"	"I loved this movie! The action sequences were on point and the acting was terrific. Highly recommended!"
图 6-15	图 6-16

这种能够从短期依赖和长期依赖中进行学习的特性是它名字——长短期记忆
（LSTM）的由来。

6.5.2　LSTM 网络内部结构

LSTM 和 RNN 一样，也包含重复出现的结构。不过，LSTM 的内部结构稍有不同。
LSTM 模型中的重复结构如图 6-17 所示。

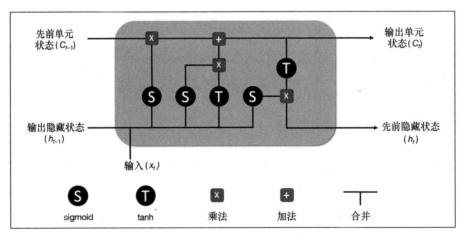

图 6-17

你可能觉得图 6-17 看起来有些复杂。但是不用担心，我们会一步一步地讲解。之前

我们提到过，LSTM 可以选择性地记忆输入中的重要内容，同时忽略其他不重要的信息。LSTM 模型的内部结构使其能够实现这样的功能。

LSTM 和 RNN 的不同点在于前者除了具有隐藏状态以外，还具有一个单元状态（cell state）。你可以把单元状态看作 LSTM 当前的记忆结果。它会将网络当前保存的记忆信息从一个重复单元传递到下一个重复单元。不同的是，隐藏状态表示的是整个 LSTM 全部的记忆内容。它包含了网络当前记忆的全部信息，既包含重要信息也包含非重要信息。

LSTM 是如何在隐藏状态和单元状态之间传递信息的呢？它通过以下 3 种重要的门来完成：

- 遗忘门；

- 输入门；

- 输出门。

和现实生活中的门一样，这 3 种门可以限制从隐藏状态流向单元状态的信息。

1. 遗忘门

LSTM 模型中的遗忘门（ f ）如图 6-18 中的高亮部分所示。

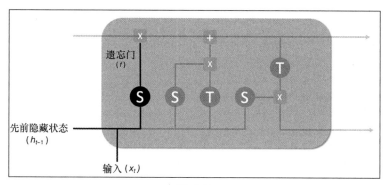

图 6-18

遗忘门组成了 LSTM 重复单元的第一个部分，它的作用是确定从上一个单元状态得到的信息中有多少信息需要被遗忘或保存。它首先将上一个隐藏状态（ h_{t-1} ）和当前输入

（x_t）连接起来，然后将连接后的向量传递给 sigmoid 函数。回忆一下，sigmoid 函数的输出结果是一个介于 0 到 1 之间的数值。数值 0 表示阻止信息通过（遗忘），数值为 1 表示信息通过（记忆）。

遗忘门的输出结果 f 记作：

$$f = \sigma(\text{concatenate}(h_{t-1}, x_t))$$

2. 输入门

接下来是输入门（i）。输入门用于控制有多少信息被传入当前单元状态。LSTM 中的输入门如图 6-19 中的高亮部分所示。

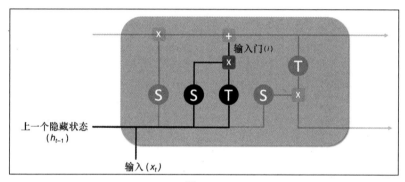

图 6-19

和遗忘门一样，输入门也需要先将上一个隐藏状态（h_{t-1}）和当前输入（x_t）连接起来。随后，它将连接后的结果分别传入 sigmoid 函数和 tanh 函数，并将得到的结果相乘。

输入门的输出结果 i 记作：

$$i = \sigma(\text{concatenate}(h_{t-1}, x_t) * \tanh(\text{concatenate}(h_{t-1}, x_t))$$

至此，我们可以开始构建当前单元状态（C_t）并将其输出了，如图 6-20 所示。

当前单元状态 C_t 记为：

$$C_t = (f * C_{t-1}) + i$$

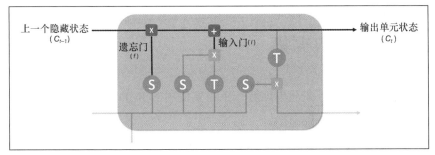

图 6-20

3．输出门

最后，输出门表示有多少信息被保留在隐藏层中。LSTM 中的输出门如图 6-21 中的高亮部分所示。

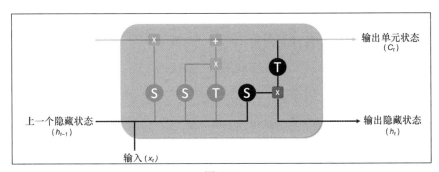

图 6-21

首先将上一个隐藏状态（h_{t-1}）和当前输入（x_t）连接起来，然后将其传入 sigmoid 函数。然后，将当前状态（C_t）传入 tanh 函数。最后，我们将两者的计算结果相乘，这就是要传递到下一个重复单元的隐藏状态（h_t）。上述过程可以用公式表示为：

$$h_t = \sigma(\text{concatenate}(h_{t-1}, x_t)) * \tanh(C_t)$$

4．理解公式

很多刚刚接触 LSTM 的读者常常会被这些数学公式吓到。虽然理解 LSTM 背后的数学公式很有用，但是要把 LSTM 的思想和这些公式联系起来却很困难（也没有什么意义）。最有用的是从更加宏观的角度理解 LSTM，并应用黑盒算法，这一点我们会在后续的章节中介绍。

6.6　IMDb 影评数据集

在开始构建模型之前，先简单地看一下将要使用的 IMDb 影评数据集。在构建模型之前先了解一下数据是一个好习惯。

IMDb 影评数据集是一个基于著名影评网站 IMDb 网站上的影评构建的语料库。它对每个影评都进行了标记，表示该影评对电影的评价是正面的（1）还是负面的（0）。

Keras 提供了 IMDb 影评数据集，我们可以通过下面的代码将数据集导入：

```
from keras.datasets import imdb
training_set, testing_set = imdb.load_data(index_from = 3)
X_train, y_train = training_set
X_test, y_test = testing_set
```

可以将第一篇影评的内容打印出来：

```
print(X_train[0])
```

输出结果如下：

```
[1, 14, 22, 16, 43, 530, 973, 1622, 1385, 65, 458, 4468, 66, 3941, 4, 173,
36, 256, 5, 25, 100, 43, 838, 112, 50, 670, 22665, 9, 35, 480, 284, 5, 150,
4, 172, 112, 167, 21631, 336, 385, 39, 4, 172, 4536, 1111, 17, 546, 38, 13,
447, 4, 192, 50, 16, 6, 147, 2025, 19, 14, 22, 4, 1920, 4613, 469, 4, 22,
71, 87, 12, 16, 43, 530, 38, 76, 15, 13, 1247, 4, 22, 17, 515, 17, 12, 16,
626, 18, 19193, 5, 62, 386, 12, 8, 316, 8, 106, 5, 4, 2223, 5244, 16, 480,
66, 3785, 33, 4, 130, 12, 16, 38, 619, 5, 25, 124, 51, 36, 135, 48, 25,
1415, 33, 6, 22, 12, 215, 28, 77, 52, 5, 14, 407, 16, 82, 10311, 8, 4, 107,
117, 5952, 15, 256, 4, 31050, 7, 3766, 5, 723, 36, 71, 43, 530, 476, 26,
400, 317, 46, 7, 4, 12118, 1029, 13, 104, 88, 4, 381, 15, 297, 98, 32,
2071, 56, 26, 141, 6, 194, 7486, 18, 4, 226, 22, 21, 134, 476, 26, 480, 5,
144, 30, 5535, 18, 51, 36, 28, 224, 92, 25, 104, 4, 226, 65, 16, 38, 1334,
88, 12, 16, 283, 5, 16, 4472, 113, 103, 32, 15, 16, 5345, 19, 178, 32]
```

输出结果为一个数字序列，因为 Keras 已经对数据进行了预处理并将其编码为了数值形式。我们可以使用和数据集一同提供的单词-索引字典将影评转换回单词形式：

```
word_to_id = imdb.get_word_index()
```

```
word_to_id = {key:(value+3) for key,value in word_to_id.items()}
word_to_id["<PAD>"] = 0
word_to_id["<START>"] = 1
id_to_word = {value:key for key,value in word_to_id.items()}
```

现在，将原始的影评打印出来：

```
print(' '.join(id_to_word[id] for id in X_train[159] ))
```

输出结果如下：

```
<START> a rating of 1 does not begin to express how dull depressing and
relentlessly bad this movie is
```

显然，这个影评包含的情感是负面的！让我们把对应的 y 值打印出来：

```
print(y_train[159])
```

输出结果如下：

```
0
```

y 值为 0 表示包含负面的情感评论，y 值为 1 表示包含正面情感的评论。再看一个包含正面情感影评的例子：

```
print(' '.join(id_to_word[id] for id in X_train[6]))
```

输出结果如下：

```
<START> lavish production values and solid performances in this
straightforward adaption of jane austen's satirical classic about the
marriage game within and between the classes in provincial 18th century
england northam and paltrow are a salutory mixture as friends who must pass
through jealousies and lies to discover that they love each other good
humor is a sustaining virtue which goes a long way towards explaining the
accessability of the aged source material which has been toned down a bit
in its harsh scepticism i liked the look of the film and how shots were set
up and i thought it didn't rely too much on successions of head shots like
most other films of the 80s and 90s do very good results
```

检查一下这段影评所包含的情感：

```
print(y_train[6])
```

输出结果如下：

```
1
```

6.7　用向量表示词语

到目前为止，我们已经学习了 RNN 和 LSTM 的模型结构。接下来的一个重要问题就是：如何表示词语并将其作为神经网络的输入？在卷积神经网络的例子中我们学习过，图像的本质是三维向量（矩阵），每个维度分别表示宽度、高度和通道数（对于彩色图像是 3 通道）。向量中的数值表示的是每个像素的强度值。

6.7.1　独热编码

我们应该如何为词语创建一个类似的向量（矩阵）并将其作为神经网络的输入呢？在之前的章节中，我们学习过如何通过为每个变量创建新特征的方式，从而将类别变量（例如星期几）通过独热编码的方式映射为数值变量。这不禁让我们想到是否可以通过类似的方式对句子进行独热编码，但是这种办法会有一些显著的缺陷。

考虑如下短语：

- 高兴、兴奋（Happy, excited）；

- 高兴（Happy）；

- 兴奋（Excited）；

对这些短语应用独热编码后其在二维空间中的表示形式如图 6-22 所示。

在这个表示形式中，Happy, excited 在两个轴上的值均为 1，因为这个短语同时包含了 Happy 和 Excited。类似地，短语 Happy 在 Happy 轴上的值为 1，而在 Excited 轴上的值为 0，因为它只包含 Happy 这个词。

完整的二维向量表示结果如表 6-1 所示。

表 6-1　　　　　　　　　　　　　短语的二维向量表示

名称	值	值
Happy, excited	1	1
Happy	1	0
Excited	0	1

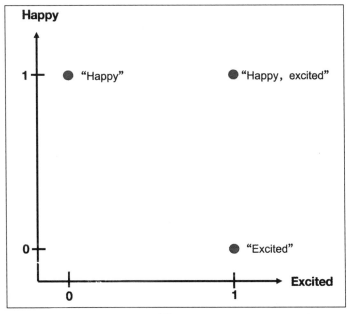

图 6-22

使用这种独热编码表示会带来一些问题。首先，数轴的数量取决于数据中单词的数量。可以想象得到，英文字典里有成千上万的词，如果我们为每个词都创建一个轴，那么单词向量的个数将会失控。此外，这种形式的向量是非常稀疏的（0 的数量非常多），因为大多数的单词在一个句子或者段落中仅仅会出现一次。基于这样的稀疏向量来训练神经网络是非常困难的。

最后，也是最重要的一点，这样的向量表示法没有将词汇的相似度考虑在内。以之前的例子来说，Happy 和 Excited 都是传达积极情绪的词语。然而，独热编码的表示法却没有将这种相似性考虑在内。因此，当我们使用这种方式表示词语时，实际上丢失了部分信息。

可以看到，独热编码向量有着非常多的缺陷。在 6.7.2 节中，我们会介绍能够克服上述问题的词嵌入（word embedding）方法。

6.7.2 词嵌入

词嵌入是词语经过学习后的一种表示法。词嵌入最大的优势在于它相对于独热编码表示法具有更少的维度,并且能使得相似的词汇互相靠拢。

词嵌入表示法的样例如图 6-23 所示。

可以看到,学习后的词嵌入表示法知道 Elated、Happy 和 Excited 是 3 个相近的词汇,因此它们的位置也应该靠近。同样地,Sad、Disappointed、Angry 以及 Furious 则位于另外一侧。

我们不会深入探讨如何创建词嵌入,你只需要知道它是经过监督学习算法训练得到的。Keras 同样也为我们训练自己的词嵌入提供了便捷的 API 接口。在本项目中,我们会训练一个词嵌入用于分析 IMDb 影评数据集。

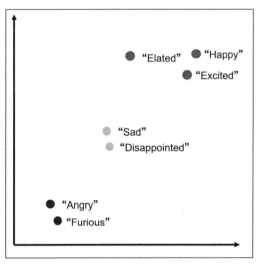

图 6-23

6.8　模型结构

我们要创建的 IMDb 影评情感分析器模型结构如图 6-24 所示。

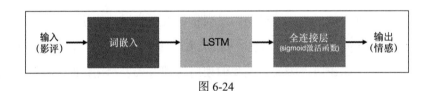

图 6-24

你应该对这种结构图很熟悉了,让我们再简单介绍一下各个组成部分吧。

6.8.1　输入

该神经网络的输入是 IMDb 影评数据。这些影评都是以英文句子的形式呈现的。正如我们看到的那样,Keras 已经将英文单词编码成了数值形式,因为神经网络要求将数值作为输入。然而，还有一些问题需要我们去解决。我们知道，影评的长度是千差万别的。如果将它转换为向量形式，则向量的长度也是不同的，这一点是神经网络不能接受的。我们先记住这一点，后续在构建神经网络时，我们会学习如何解决这个问题。

6.8.2 词嵌入层

词嵌入层是本章要创建的神经网络的第一层。前文提到过，词嵌入是单词经过学习后得到的一种向量表示形式。词嵌入层将单词作为输入，然后输出这些单词的向量表示形式。这种向量表示需要将意思相近的词语表示在空间中相邻近的位置，而对于意思不相近的词语应该表示在空间中距离较远的位置。词嵌入层会在训练过程中学习这些向量表示。

6.8.3 LSTM 层

LSTM 层将词嵌入层得到的单词的向量表示作为输入，并学习如何将这些向量分类为积极或消极两种情感。我们之前讲过，LSTM 是 RNN 的变种形式，所以我们也可以将它看作由多个神经网络叠加组成的神经网络。

6.8.4 全连接层

下面一层为全连接层。全连接层将 LSTM 层的输出作为其输入并将其转换为全连接的方式（fully connected manner）。然后，我们对全连接层的结果应用 sigmoid 激活函数，所以最终的结果应该介于 0 到 1 之间。

6.8.5 输出

输出结果是一个概率值，介于 0 到 1 之间，它表示的是该影评包含积极或消极情绪的概率。概率接近 1 说明影评中包含的情感是积极的，反之如果概率趋近 0 则说明影评包含负面的情感。

6.9　在 Keras 中创建模型

终于可以在 Keras 中创建模型了。提醒你一下，模型结构图可见图 6-24。

6.9.1　导入数据

首先来导入数据集。Keras 提供了 IMDb 影评数据集，可以直接导入它：

```
from keras.datasets import imdb
```

imdb 类包含了一个 load_data 函数，它接收下面的参数。

- num_words：被加载的不同单词的最大数量，至多只能有 n 个不同的词被加载。如果 n 的值较小，则训练时间会比较短，但是会牺牲一定的准确率。此处我们设置 num_words = 10000。

load_data 函数会返回两个元组作为输出。第一个元组为训练数据集，第二个元组为测试数据集。注意，load_data 会将数据集随机等分为训练数据集和测试数据集。

使用上述参数，我们可以通过下面的代码导入数据：

```
training_set, testing_set = imdb.load_data(num_words = 10000)
X_train, y_train = training_set
X_test, y_test = testing_set
```

现在看看有多少数据：

```
print("Number of training samples = {}".format(X_train.shape[0]))
print("Number of testing samples = {}".format(X_test.shape[0]))
```

输出结果如图 6-25 所示。

```
Number of training samples = 25000
Number of testing samples = 25000
```

图 6-25

可以看到，训练数据集和测试数据集分别包含 25000 条数据。

6.9.2 零填充

在将数据作为输入传递给神经网络之前，我们还需要解决一个问题。回忆一下之前的内容，我们曾提到影评的长度有长有短，因此输入到神经网络的向量也会有不同的长度。这是有问题的，因为神经网络只接收固定长度的向量。

为了处理该问题，我们需要定义一个参数 maxlen。maxlen 应该是所有影评中的最长值。对于长度超过 maxlen 的影评，需要做截断处理，而对于长度短于 maxlen 的影评则需要补零处理。

零填充的步骤如图 6-26 所示。

通过零填充，我们可以保证输入数据是一个固定长度的向量。

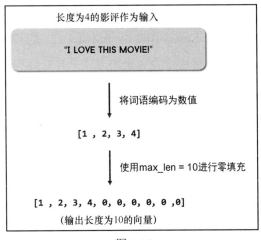

图 6-26

Keras 为零填充操作提供了非常方便的函数。在 Keras 的 preprocessing 模块中有一个 sequence类，它可以帮我们处理序列化数据。导入 sequence类：

```
from keras.preprocessing import sequence
```

在 sequence 类中有一个 pad_sequences 函数，我们可以通过这个函数对序列化数据进行零填充。将 maxlen 的值设定为 100 并基于这个数值对训练数据集和测试数据集中的数据进行截断或零填充。上述操作的代码如下：

```
X_train_padded = sequence.pad_sequences(X_train, maxlen= 100)
X_test_padded = sequence.pad_sequences(X_test, maxlen= 100)
```

现在，确认一下零填充之后的向量长度：

```
print("X_train vector shape = {}".format(X_train_padded.shape))
print("X_test vector shape = {}".format(X_test_padded.shape))
```

输出结果如图 6-27 所示。

```
X_train vector shape = (25000, 100)
X_test vector shape = (25000, 100)
```

图 6-27

6.9.3 词嵌入层和 LSTM 层

对输入数据进行预处理之后，我们可以集中注意力来构建模型了。和之前一样，我们会使用 Keras 中的 Sequential 类来构建模型。回忆一下，Sequential 类让我们可以通过将层堆叠起来的方式来轻松地构建复杂的网络模型。

首先，定义一个新的 Sequential 类：

```
from keras.models import Sequential
model = Sequential()
```

现在，向模型添加一个词嵌入层。词嵌入层可以通过 keras.layers 直接构建：

```
from keras.layers import Embedding
```

词嵌入层接收如下重要参数。

● input_dim：词嵌入层输入数据的维度。这个参数的值应该和加载数据时用到的参数 num_words 的值保持一致。这个值是数据集中所包含的不同单词数的最大值。

● output_dim：词嵌入层输出数据的维度。这是一个需要调优的超参数，暂时将其设置为 128。

使用上面提到的参数值创建一个词嵌入层：

```
model.add(Embedding(input_dim = 10000, output_dim = 128))
```

从 keras.layers 中直接导入 LSTM 层：

```
from keras.layers import LSTM
```

LSTM 类接收以下的重要参数。

● units：这个参数表示 LSTM 层中重复单元的个数。这个值越大，模型越复杂，这样会导致训练时间的增加和过拟合的发生。我们可以暂且将其设置为 128 这个比较常用的数值。

- activation：这个参数用于指定应用于单元状态和隐藏状态的激活函数。默认的激活函数为 tanh 函数。

- recurrent_activation：这个参数用于指定应用于遗忘门、输入门和输出门的激活函数。默认的激活函数为 sigmoid 函数。

你也许注意到了，在 Keras 中使用激活函数有比较多的限制。我们无法分别为遗忘门、输入门和输出门指定激活函数，我们只能为这些门统一选定一个激活函数。不幸的是，我们必须服从这些限制。不过，好消息是，这些限制从理论上讲并不会对结果产生太大的影响。我们基于 Keras 构建的 LSTM 模型可以很好地对序列化数据进行学习。

基于上面提到的参数向模型添加 LSTM 层：

```
model.add(LSTM(units=128))
```

最后，我们再添加一个全连接层并使用 sigmoid 作为激活函数。回忆一下，这一层的目的是保证模型的输出结果介于 0 到 1 之间，这个数值表示的是影评中包含正面情感的概率。我们可以像下面这样添加全连接层：

```
from keras.layers import Dense
model.add(Dense(units=1, activation='sigmoid'))
```

全连接层是这个神经网络的最后一层。现在，调用 summary 函数来检查一下模型结构：

```
model.summary()
```

输出结果如图 6-28 所示。

```
Layer (type)                 Output Shape              Param #
=================================================================
embedding_3 (Embedding)      (None, None, 128)         1280000
_____
lstm_3 (LSTM)                (None, 128)               131584
_____
dense_3 (Dense)              (None, 1)                 129
=================================================================
Total params: 1,411,713
Trainable params: 1,411,713
Non-trainable params: 0
```

图 6-28

太棒了！从输出结果来看，模型结构和图 6-24 展示的模型结构示意图是一致的。

6.9.4　编译和训练模型

模型构建完成后，我们可以开始编译并训练模型了。现在，你应该已经非常熟悉如何在 Keras 中编译模型了。和之前一样，在编译模型前我们需要确认一些参数，具体如下。

● 损失函数（loss function）：当期望的输出结果为一个二元值时，我们使用二元交叉熵作为损失函数，而当期望的输出结果为一个多类值时，我们使用分类交叉熵作为损失函数。由于本项目所涉及的影评情感分析是一个二元问题（正面或负面情感），因此我们使用二元交叉熵作为损失函数。

● 优化器（optimizer）：在 LSTM 中，优化器的选取是一个很有趣的话题。这里我们不想讨论相关的技术细节，你需要知道的是，受到梯度消失或梯度爆炸（梯度消失的反义词）问题的影响，对于特定的数据集，有些优化器可能是不起作用的。通常我们不能提前知道哪种优化器更适合当前的数据集。因此，最好的办法就是使用不同的优化器分别对模型进行训练并选取产生最优结果的优化器。让我们分别尝试 SGD、RMSprop 和 adam 这几种优化器。

我们可以通过以下的代码编译模型：

```
# 首先尝试 SGD 优化器
Optimizer = 'SGD'

model.compile(loss='binary_crossentropy', optimizer = Optimizer)
```

现在，对模型进行 10 轮训练并使用测试数据集作为验证用的数据。方法如下：

```
scores = model.fit(x=X_train_padded, y=y_train, batch_size = 128,
epochs=10, validation_data=(X_test_padded, y_test))
```

返回值 scores 对象是一个 Python 字典，它提供了训练准确率、验证准确率以及每次训练产生的损失。

在开始分析结果之前，让我们把所有的代码都封装成一个函数。这样做可以方便测试并对比不同优化器的性能。

先定义一个 train_model 函数，它将 Optimizer 作为参数：

```
def train_model(Optimizer, X_train, y_train, X_val, y_val):
    model = Sequential()
    model.add(Embedding(input_dim = 10000, output_dim = 128))
    model.add(LSTM(units=128))
    model.add(Dense(units=1, activation='sigmoid'))
    model.compile(loss='binary_crossentropy', optimizer = Optimizer,
    metrics=['accuracy'])
    scores = model.fit(X_train, y_train, batch_size=128, epochs=10,
    validation_data=(X_val, y_val), verbose=0)
    return scores, model
```

通过这个函数，让我们使用 3 种不同的优化器（SGD、RMSprop 和 adam）来训练 3 个不同的模型：

```
SGD_score, SGD_model = train_model(Optimizer = 'sgd', X_train=X_train_
padded, y_train=y_train, X_val=X_test_padded, y_val=y_test)


RMSprop_score, RMSprop_model = train_model(Optimizer = 'RMSprop',
X_train=X_train_padded, y_train=y_train, X_val=X_test_padded,y_val=y_test)


Adam_score, Adam_model = train_model(Optimizer = 'adam',
X_train=X_train_padded, y_train=y_train, X_val=X_test_padded, y_val=y_test)
```

6.10 结果分析

分别绘制 3 个模型训练后得到的验证准确率。首先，为基于 SGD 优化器训练的模型绘制曲线：

```
from matplotlib import pyplot as plt

plt.plot(range(1,11), SGD_score.history['acc'], label='Training Accuracy')
plt.plot(range(1,11), SGD_score.history['val_acc'],label='Validation
Accuracy')
```

```
plt.axis([1, 10, 0, 1])
plt.xlabel('Epoch')
plt.ylabel('Accuracy')
plt.title('Train and Validation Accuracy using SGD Optimizer')
plt.legend()
plt.show()
```

输出结果如图 6-29 所示。

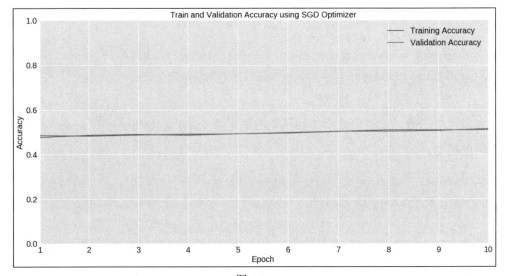

图 6-29

有没有觉得哪里不对？训练准确率和验证准确率卡在 50%！这表明我们的训练失败了，神经网络的判别准确率并不比抛硬币这种随机判断二元分类问题的方法高。显然，SGD 优化器并不适用于该数据集和我们的 LSTM 网络。使用其他优化器效果会好一些吗？试试 RMSprop 优化器。

为使用 RMSprop 优化器训练的模型绘制其训练准确率及验证准确率曲线，代码如下：

```
plt.plot(range(1,11), RMSprop_score.history['acc'],label='Training
Accuracy')
plt.plot(range(1,11), RMSprop_score.history['val_acc'],label=
'Validation Accuracy')
```

```
plt.axis([1, 10, 0, 1])
plt.xlabel('Epoch')
plt.ylabel('Accuracy')
plt.title('Train and Validation Accuracy using RMSprop Optimizer')
plt.legend()
plt.show()
```

输出结果如图 6-30 所示。

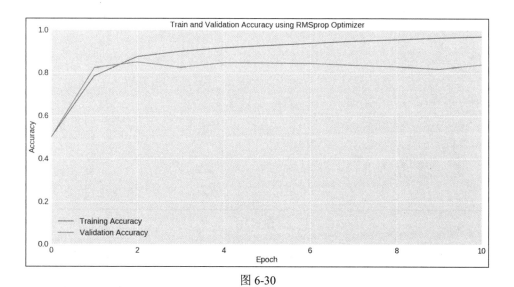

图 6-30

结果好多了！通过 10 轮训练，我们的模型就可以达到 95%的训练准确率和 85%的验证准确率。这已经是非常不错的结果了。显然，就当前任务来讲，RMSprop 优化器的效果要比 SGD 好得多。

最后，试试 Adam 优化器，看看它的效果如何。我们为基于 Adam 优化器训练的模型绘制其训练准确率及验证准确率曲线，代码如下：

```
plt.plot(range(1,11), Adam_score.history['acc'], label='Training Accuracy')
plt.plot(range(1,11), Adam_score.history['val_acc'], label=
'Validation Accuracy')
plt.axis([1, 10, 0, 1])
plt.xlabel('Epoch')
plt.ylabel('Accuracy')
```

```
plt.title('Train and Validation Accuracy using Adam Optimizer')
plt.legend()
plt.show()
```

输出结果如图 6-31 所示。

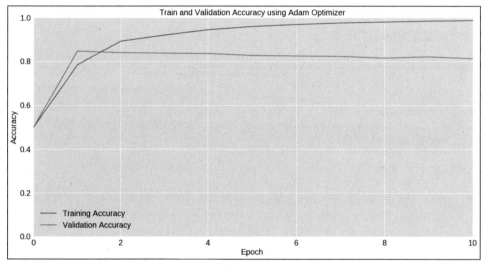

图 6-31

Adam 优化器的效果非常不错。从图 6-31 可以看出，训练准确率几乎接近 100%，而验证准确率大概为 80% 左右。这两者之间的差距说明当使用 Adam 优化器时，模型出现了过拟合。

通过对比发现，当我们使用 RMSprop 优化器时，训练数据集准确率和测试数据集准确率的差值较小。因此，我们的结论是，对于当前的数据集和 LSTM 模型，RMSprop 优化器是最佳的优化器，我们应该使用它来对模型进行训练。

混淆矩阵

在第 2 章，我们已经了解了混淆矩阵是评估模型性能的一个有效的可视化工具。在本项目中我们仍然会使用混淆矩阵来评估模型性能。

复习一下，混淆矩阵的相关定义如下。

- 真阴性：实际分类为阴性（负面情绪）且模型预测结果为阴性。

- 假阳性：实际分类为阴性（负面情绪）但模型预测结果为阳性。

- 假阴性：实际分类为阳性（正面情绪）而模型预测结果为阴性。

- 真阳性：实际分类为阳性（正面情绪）且模型预测结果为阳性。

我们希望假阳性和假阴性的结果越少越好，而真阴性和真阳性的结果则是越多越好。

可以使用 sklearn 中的 confusion_matrix 类来创建混淆矩阵，并使用 seaborn
进行可视化：

```
from sklearn.metrics import confusion_matrix
import seaborn as sns

plt.figure(figsize=(10,7))
sns.set(font_scale=2)
y_test_pred = RMSprop_model.predict_classes(X_test_padded)
c_matrix = confusion_matrix(y_test, y_test_pred)
ax = sns.heatmap(c_matrix, annot=True, xticklabels=['Negative Sentiment',
'Positive Sentiment'], yticklabels=['Negative Sentiment','Positive
 Sentiment'], cbar=False, cmap='Blues', fmt='g')
ax.set_xlabel("Prediction")
ax.set_ylabel("Actual")
```

输出结果如图 6-32 所示。

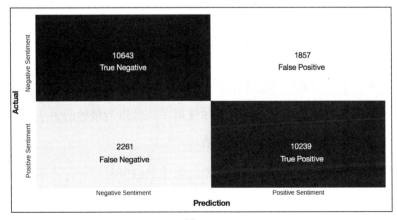

图 6-32

从混淆矩阵可以看出，大多数的测试数据被正确地分类，真阴性和真阳性的数据占据了总体的 85%。换言之，我们的模型在判断影评所包含的情感时，其准确率为 85%。非常不错！

让我们看看那些被错误分类的例子并研究一下为什么模型会出错。下面的代码会收集一些被错误分类的例子：

```
false_negatives = []
false_positives = []

for i in range(len(y_test_pred)):
    if y_test_pred[i][0] != y_test[i]:
        if y_test[i] == 0:# 假阳性
            false_positives.append(i)
        else:
            false_negatives.append(i)
```

首先看看那些假阳性的例子。注意，假阳性的意思是评论包含了负面的情感却被错误地分类为包含积极情感。

我们选择了一个非常有趣的假阳性的例子，请看下面这段文字：

"The sweet is never as sweet without the sour". This quote was essentially the theme for the movie in my opinion ..... It is a movie that really makes you step back and look at your life and how you live it. You cannot really appreciate the better things in life (the sweet) like love until you have experienced the bad (the sour). ..... Only complaint is that the movie gets very twisted at points and is hard to really understand...... I recommend you watch it and see for yourself.

即使是人类，想要判断这段影评中所包含的情感也是比较困难的！影评的第一句话就为其定下了情感的基调。不过，这句话却使用了一种较为精妙的讲法，对于我们的模型来说，想要判断其中的情感是比较困难的。

不仅如此，影评的中段表扬了这部电影，但是在结束时作者又表示这部电影包含了非常复杂的观点，使人难以理解。

再来看一个假阴性的例子：

```
I hate reading reviews that say something like 'don't waste your time this
film stinks on ice'. It does to that reviewer yet for me it may have some
sort of naïve charm ..... This film is not as good in my opinion as any of
the earlier series entries ... But the acting is good and so is the
lighting and the dialog. It's just lacking in energy and you'll likely
figure out exactly what's going on and how it's all going to come out in
the end not more than a quarter of the way through ..... But still I'll
recommend this one for at least a single viewing. I've watched it at least
twice myself and got a reasonable amount of enjoyment out of it both times
```

这个影评绝对是保持中立的典型，电影的优点和缺点都有所提及。另外需要注意的一点是，影评开头，作者引用了其他人的影评（I hate reading reviews that say something like 'don't waste your time this film stinks on ice'）。我们的模型可能并不能理解这部分的内容并不属于本文作者的观点。影评中包含的引述对于自然语言处理模型来说确实是个挑战。

再来看一个假阴性的例子：

```
I just don't understand why this movie is getting beat up in here jeez. It
is mindless, it isn't polished ... I just don't get it. The jokes work on
more then one level. If you didn't get it, I know what level you're at.
```

我们可以认为这篇影评实际上是在抨击其他的影评，和前面的那条影评有一些类似。其中出现的大量负面词汇可能会误导我们的模型。模型并不能理解这篇文字实际上是在抨击其他的差评文章。从统计学的角度来看，这类影评是非常少见的，而且要训练我们的模型使其理解这类影评是非常困难的。

6.11 代码整合

在本章，我们已经编写了很多代码，现在对其进行整合：

```
from keras.datasets import imdb
from keras.preprocessing import sequence
```

```
from keras.models import Sequential
from keras.layers import Embedding
from keras.layers import Dense, Embedding
from keras.layers import LSTM
from matplotlib import pyplot as plt
from sklearn.metrics import confusion_matrix
import seaborn as sns

# 导入 IMDB 数据集
training_set, testing_set = imdb.load_data(num_words = 10000)
X_train, y_train = training_set
X_test, y_test = testing_set

print("Number of training samples = {}".format(X_train.shape[0]))
print("Number of testing samples = {}".format(X_test.shape[0]))

# 零填充
X_train_padded = sequence.pad_sequences(X_train, maxlen= 100)
X_test_padded = sequence.pad_sequences(X_test, maxlen= 100)

print("X_train vector shape = {}".format(X_train_padded.shape))
print("X_test vector shape = {}".format(X_test_padded.shape))

# 建模
def train_model(Optimizer, X_train, y_train, X_val, y_val):
    model = Sequential()
    model.add(Embedding(input_dim = 10000, output_dim = 128))
    model.add(LSTM(units=128))
    model.add(Dense(units=1, activation='sigmoid'))
    model.compile(loss='binary_crossentropy', optimizer = Optimizer,
    metrics=['accuracy'])
    scores = model.fit(X_train, y_train, batch_size=128, epochs=10,
    validation_data=(X_val, y_val))

    return scores, model
```

```
# 模型训练
RMSprop_score, RMSprop_model = train_model(Optimizer = 'RMSprop',
X_train=X_train_padded, y_train=y_train, X_val=X_test_padded, y_val=y_test)

# 绘制准确率变化曲线
plt.plot(range(1,11), RMSprop_score.history['acc'],
label='Training Accuracy')
plt.plot(range(1,11), RMSprop_score.history['val_acc'],
label='Validation Accuracy')
plt.axis([1, 10, 0, 1])
plt.xlabel('Epoch')
plt.ylabel('Accuracy')
plt.title('Train and Validation Accuracy using RMSprop Optimizer')
plt.legend()
plt.show()

# 绘制混淆矩阵
y_test_pred = RMSprop_model.predict_classes(X_test_padded)
c_matrix = confusion_matrix(y_test, y_test_pred)
ax = sns.heatmap(c_matrix, annot=True, xticklabels=['Negative Sentiment',
'Positive Sentiment'], yticklabels=['Negative Sentiment','Positive
 Sentiment'], cbar=False, cmap='Blues', fmt='g')
ax.set_xlabel("Prediction")
ax.set_ylabel("Actual")
plt.show()
```

6.12 小结

在本章，我们创建了一个基于 LSTM 的神经网络模型，它可以预测影评所包含的情感，其预测准确率为 85%。首先，我们介绍了 RNN 和 LSTM 背后的理论，了解了这是一类被设计出来专门用于处理序列化数据的神经网络。对于序列化数据来说，它的输入顺序是有意义的。

此外，我们还学习了如何将序列化数据（如文本段落）转换为数值向量并将其作为神经网络的输入。我们可以通过词嵌入来减少数值向量的维度使其更适合作为神经网络的输入，而不会造成信息的损失。可以看到，词嵌入的使用可以减少数值向量的维度，使其在训练神经网络时变得更加可控，同时还不会丢失有用的信息。词嵌入层可以帮助我们实现上述目标，它会学习哪些词汇的意思是相近的，并在转换向量中将这些词放在一起。

我们还看到了使用顺序模型在 Keras 中构建一个 LSTM 神经网络是多么容易。同时，我们探索了不同优化器对 LSTM 的影响，我们发现，在使用某些类型的优化器时，LSTM 模型是不能很好地被训练的。最重要的一点是，我们明白了，为了获得最优的结果，调优和试验是机器学习中必不可少的步骤。

最后，通过分析结果我们发现，基于 LSTM 的神经网络并不能很好地处理语言中的讽刺或其他精妙的表达方式。自然语言处理是机器学习领域中非常富有挑战性的子领域，研究人员正在该领域不断地努力。

在第 7 章中，我们会学习孪生神经网络（siamese neural network）并展示如何使用它来创建一个人脸识别系统。

6.13　习题

1．问：什么是机器学习中的序列问题？

答：序列问题是机器学习的一类问题。在这类问题中，特征输入模型的顺序对模型做出预测是很重要的。例如，自然语言处理（语音或文本）和时间序列问题。

2．问：人工智能在处理情感分析问题时面临很多挑战，原因是什么？

答：人类语言中的词汇通常在不同语境下有着不同的含义。因此，机器学习在预测前必须对词汇所在的上下文有着充分地理解。不仅如此，人类语言还包含讽刺，这对于人工智能模型来说是很难理解的。

3．问：递归神经网络和卷积神经网络有什么不同？

答：递归神经网络可以被看作多个反复出现的神经网络的组合。递归神经网络中每一层的输出都是下一层的输入,这一性质使得递归神经网络可以将序列化数据作为输入。

4．问：RNN 中的隐式状态是什么？

答：RNN 中层与层之间传递的中间输出被称为 RNN 中的隐式状态。这种隐式状态使得 RNN 可以记住序列化数据中的中间状态。

5．问：使用 RNN 处理序列化问题的缺点是什么？

答：RNN 会受到梯度消失问题的影响,这使得序列化数据中的早期数据会被"遗忘",因为赋予它们的权重较小。因此,我们可以说 RNN 会面临长期依赖问题。

6．问：LSTM 网络和传统的 RNN 有什么不同？

答：设计 LSTM 网络的初衷就是为了克服 RNN 中的长期依赖问题。LSTM 网络包含 3 种门（输入门、输出门和遗忘门）,这一特点保证了不论输入的特征（即单词）早还是晚,网络都能够对其保证足够的重视。

7．问：通过独热编码将单词转换为数值输入有什么缺点？

答：独热编码构建的单词向量维度会很大（因为每种语言中均包含大量的词汇）,这就使得神经网络难以学习此类向量。不仅如此,独热编码还没有考虑单词之间的相似度。

8．问：什么是词嵌入？

答：词嵌入是一种经过学习的向量的表示形式。相对于独热编码,它的主要优点是具有更小的维度。同时它可以将相似的词汇放在一起。词嵌入通常是 LSTM 神经网络的第一层。

9．问：在处理文本数据时,通常有哪些重要的预处理步骤？

答：文本数据通常有着不同的长度,这会导致向量也具有不同的长度。但是,神经网络并不能接收不同长度的向量作为输入。因此,我们使用零填充作为一个预处理步骤,将向量截断或填充到相同的长度。

10．问：调优和试验通常是机器学习中必不可少的步骤。我们在本章的项目中做了什么试验？

答：在这个项目中，我们尝试了使用不同的优化器（SGD、RMSprop 和 Adam 优化器）来训练我们的神经网络。我们发现，SGD 优化器不能够很好地训练 LSTM 网络，而 RMSprop 优化器则可以获得最高的准确率。

第 7 章
基于神经网络实现人脸识别系统

在本章，我们会基于孪生神经网络（siamese neural network）实现人脸识别系统。在智能手机和现代建筑的智能安防系统中，人脸识别系统非常常见。在本章，我们将学习孪生神经网络背后的原理，同时还会说明为什么人脸识别是一类特殊的图像识别任务，以及为什么卷积神经网络不能很好地处理这类问题。我们会实现并训练一个健壮的神经网络模型用于人脸识别，即使目标包含不同的表情或图像拍摄角度不同也必须能够正确识别。最后，我们会基于预先训练的神经网络和一个网络摄像头来构建我们的程序，并基于该程序对计算机前的用户进行认证。

本章包括以下内容：

- 人脸识别问题；

- 人脸检测和人脸识别；

- 单样本学习（one-shot learning）；

- 孪生神经网络；

- 对比损失（contrastive loss）；

- 人脸数据集；

- 在 Keras 中训练孪生神经网络；

- 构建人脸识别系统。

7.1　技术需求

本章需要的关键 Python 函数库如下：

- NumPy 1.15.2；

- Keras 2.2.4；

- OpenCV 3.4.2；

- PIL 5.4.1。

把代码下载到你的计算机，你需要执行 `git clone` 命令。

下载完成后，会出现一个名字为 `Neural-Network-Projects-with-Python` 的文件夹，使用如下命令进入文件夹：

$ cd Neural-Network-Projects-with-Python

在虚拟环境中安装所需 Python 库请执行如下命令：

$ conda env create -f environment.yml

注意，在执行上述代码前，你首先需要在你的计算机上安装 Anaconda。

想进入虚拟环境，请执行下面的命令：

$ conda activate neural-network-projects-python

通过执行下面的命令进入 Chapter07 文件夹：

$ cd Chapter07

Chapter07 文件夹包含以下文件。

- `face_detection.py`：包含基于 OpenCV 的人脸识别代码。

- `siamese_nn.py`：包含用于创建孪生神经网络的 Python 代码。

- `onboarding.py`：包含人脸识别系统人脸录入功能的 Python 代码。

- `face_recognition_system.py`：包含完整的人脸识别系统代码。

请按照以下顺序来执行 Python 文件。

1. `siamese_nn.py`：训练用于人脸识别的孪生神经网络。

2. `onboarding.py`：启动人脸识别录入程序。

3. `face_recognition_system.py`：执行真正的人脸识别程序。

通过下列指令可以分别执行各个 Python 文件：

```
$ python siamese_nn.py
```

7.2 人脸识别系统

人脸识别系统已经成为了我们生活中随处可见的一种技术。2017 年，苹果公司发布其最新款 iPhone X 手机时宣称，它们最新的 Face ID 功能可以瞬间识别并认证用户。支撑该技术的是苹果公司最新的 A11 仿生芯片，该芯片包含一个专用的神经网络硬件，这使得 iPhone 可以执行快速的人脸识别和机器学习操作。如今，几乎所有的智能手机已经具备人脸识别系统。

2016 年，亚马逊开设了第一家配备有先进人脸识别系统的超市，叫作 Amazon Go。和传统超市不同的是，Amazon Go 通过人脸识别系统会在你进入超市时进行记录。同时，当你从货架上取下商品的时候，该系统也会进行识别。当你购物完成后，无须排队结账即可离开超市，所有的购买流程均通过亚马逊的人工智能系统完成。

这个系统使得忙碌的人们也可以到超市购物，却不必担心浪费盘对结账的时间。不久的将来，人脸识别系统就会遍布我们的日常生活。

7.3 分解人脸识别问题

本节，我们将人脸识别问题分解为若干步骤及子问题。这样就可以更好地理解人脸识别系统的背后究竟包含哪些内容了。人脸识别问题可以被分解为以下两个子问题。

- 人脸检测（face detection）：在图像中检测并分割出人脸。如果一幅图像包含多个人脸，那么需要分别检测它们。在这一步中，我们需要将检测到的人脸分割出来，分别予以检测。

- 人脸识别（face recognition）：对于检测到的每一幅人脸图像，我们使用神经网络来对其进行分类。注意，对于每一个被检测到的人脸都需要重复上述检测步骤。

这一系列的操作非常符合常理。人类识别人脸的过程也与之类似。当看到一幅图像时，我们的眼睛首先会马上观察到图像中的人脸（人脸检测），然后依次识别每个人脸（人脸识别）。

人脸识别的子过程如图 7-1 所示。

图 7-1

7.3.1　人脸检测

我们先来研究人脸检测。人脸检测问题是计算机视觉领域非常有意思的一个方面，许多研究人员都在进行相关研究。2001 年，比奥拉（Viola）和琼斯（Jones）展示了一种仅使用少量计算资源即可完成实时、大规模人脸检测的方法。这在当时是非常重大的发现，因为研究人员非常希望能找到实时的、大规模的人脸检测方法（例如实时监控大规模人群）。如今，人脸检测算法可以在非常简单的硬件上运行，只需要几行代码，你就可以在个人计算机上进行人脸检测。实际上，我们会使用 Python 调用 OpenCV 来构建一个人脸检测程序（使用网络摄像头作为传感器）。

人脸识别有很多方法，例如：

● Haar Cascades；

● Eigenfaces；

● Histogram of Oriented Gradients (HOG)。

我们会向你介绍如何使用 Haar Cascades（也称为 Viola-Jones 算法，Viola 和 Jones 在 2001 年提出）进行人脸检测，你会看到该算法是如此简洁美妙。

Viola-Jones 算法背后的关键思想是，人脸具备一些共同特征，例如：

● 眼睛附近区域的颜色相对于额头和脸颊更深；

● 鼻子附近区域的颜色相对于眼睛附近的更加明亮。

对于一张正面、无遮挡的人脸图像，我们可以找到诸如眼睛、鼻子、嘴唇等特征。仔细观察眼睛附近的区域，可以发现一种规律：像素深浅交替，如图 7-2 所示。

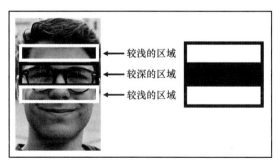

图 7-2

当然，图 7-2 所示的仅是一种可能的特征。我们还可以构建其他的特征来捕获人脸的其他区域，例如鼻子、嘴唇、脸颊等。其他特征的例子如图 7-3 所示。

图 7-3

这种黑白交替出现的特征被称为 Harr 特征。只要想象力足够丰富，你就能创建出近乎无限的特征。

实际上，Viola 和 Jones 最后提出的算法使用了超过 6000 个 Haar 特征！

你注意到 Haar 特征和卷积滤波器的相似之处了吗？它们均用于识别图像中的几何特征！区别是 Harr 特征是基于我们对人脸的认识手动编码的，它用于检查眼睛、鼻子、嘴唇等脸部特征。而卷积滤波器则是在训练过程中，基于标记过的数据集创建的，而非手动创建。不过，它们的功能都是一样的：识别图像中的集合特征。Haar 特征和卷积滤波器之间的相似性表明，机器学习和人工智能领域的很多思想都是互相影响并不断改进的。

使用 Haar 特征的方法很简单，我们用它扫过图像中的各个区域并计算区域像素点和特征之间的相似度。不过，由于图像中的大部分区域都不包括人脸（想象一下我们拍摄的图像，人脸往往只占据了非常小的一块区域），因此对所有特征均进行测试有些浪费计算资源。为了解决这个问题，Viola 和 Jones 提出了层叠式分类器（cascade classifier）。

层叠式分类器的思想很简单，它首先从最简单的 Haar 特征开始，如果目标区域匹配失败（即该区域不包含人脸），我们会直接开始测试下一个区域。这样，我们就不会在不包含人脸的区域上浪费计算资源。然后逐渐过渡到更加复杂的 Haar 特征，并重复上述操作。最终，图像中通过了全部 Haar 特征的区域则是包含人脸的区域。这种分类器被称为层叠式分类器。

使用 Haar 特征的 Viola-Jones 算法展现出了非凡的准确性和假阳性率，同时它的计算效率非常高。实际上，当这个算法在 2001 年被提出时，它竟然是运行在 700 MHz 的奔腾 III 处理器上!

Python 中的人脸检测

我们可以通过在 Python 中使用 OpenCV 库来实现人脸检测。OpenCV 是用于计算机视觉任务的开源计算机视觉库。让我们看看如何使用它进行人脸识别吧。

首先，导入 OpenCV:

```
import cv2
```

然后，加载用于人脸检测的层叠分类器。该层叠分类器可以在 GitHub 中找到，并且应该已经被下载到了计算机中:

```
face_cascades =
cv2.CascadeClassifier('haarcascade_frontalface_default.xml')
```

然后，我们定义一个函数，它接收一幅图像作为输入，然后对图像中的人脸进行检测，同时在图像中绘制包围盒:

```
def detect_faces(img, draw_box=True):
    # 将图像转换为灰阶图像
    grayscale_img = cv2.cvtColor(img, cv2.COLOR_BGR2GRAY)

    # 人脸检测
    faces = face_cascades.detectMultiScale(grayscale_img, scaleFactor=1.6)

    # 在检测到的人脸周围绘制包围盒
    for (x, y, width, height) in faces:
        if draw_box:
            cv2.rectangle(img, (x, y), (x+width, y+height), (0, 255, 0), 5)
```

```
face_box = img[y:y+height, x:x+width]
face_coords = [x,y,width,height]
return img, face_box, face_coords
```

让我们测试一下检测器效果。在 sample_faces 文件夹中可以找到一些样例图像，如图 7-4 所示。

图 7-4

可以看到，每幅图中都包含相当多的噪声(即不属于人脸的部分)，这些内容很可能会误导人脸检测器。对于图 7-4 中右下角的这幅图像来说，里面还包含了多个人脸。

使用之前定义的 detect_faces 函数来处理这些图像：

```
import os
files = os.listdir('sample_faces')
images = [file for file in files if 'jpg' in file]
for image in images:
    img = cv2.imread('sample_faces/' + image)
    detected_faces, _, _ = detect_faces(img)
    cv2.imwrite('sample_faces/detected_faces/' + image, detected_faces)
```

可以在 sample_faces/detected_faces 文件夹中找到输出的图像，如图 7-5 所示。

非常棒！人脸检测器出色地完成了任务，检测速度也非常不错。可以看到，使用 Python 调用 OpenCV 库进行人脸识别非常简单。

图 7-5

7.3.2 人脸识别

人脸检测完成之后，我们可以开始开发人脸识别的功能了。你应该已经注意到了，人脸检测和深度学习并没有什么关系！人脸检测使用的 Haar 特征是一种古老却可靠的方法，至今仍然被广泛采用。但是，人脸检测仅提取了图像中包含人脸的区域，下一步要做的是对这些被提取的人脸进行人脸识别。

本章的重点内容是如何使用神经网络进行人脸识别。后面，我们会专注于讲解如何训练神经网络并进行人脸识别。

7.4 人脸识别系统需求

现在，我们应该已经非常熟悉如何使用神经网络进行图像识别任务了。在第 4 章，我们创建了一个卷积神经网络用于对猫狗图像进行分类。可以使用相同的技术进行人脸识别吗？可惜，卷积神经网络并不适合此类项目。为了了解其中的原因，我们需要了解人脸识别系统的需求。

7.4.1　速度

人脸识别系统的首要需求是识别速度要快。智能手机上的人脸识别录入程序，通常会使用前置相机对脸部进行多个角度的扫描。在这个短暂的过程中，手机会拍摄一组人脸图像，并使用图像训练神经网络以便对用户进行识别，整个过程需要非常短的时间完成。

一个典型的人脸识别系统录入程序如图 7-6 所示。

卷积神经网络能满足速度要求吗？从第 4 章可以了解到，训练一个卷积神经网络来识别猫狗图像是一个非常耗时的过程。即使使用强大的 GPU，训练卷积神经网络也需要花上几小时，甚至几天的时间。从用户体验的角度来看，人

图 7-6

脸识别系统需要这么长的时间是不现实的。因此，卷积神经网络并不能满足人脸识别系统的速度需求。

7.4.2　可扩展性

人脸识别系统的第二个需求是要具有可扩展性。我们训练的模型必须能够识别成千上万的具有不同长相的用户。这个要求也是卷积神经网络无法满足的。回忆一下第 4 章的内容，我们训练了一个卷积神经网络区分猫狗图像。这个神经网络只能够对猫狗图像进行分类，猫狗之外的其他动物都无法被识别，因为模型并没有基于其他动物进行训练。这意味着如果我们想要在人脸识别中使用卷积神经网络，那么必须为每个用户单独训练一个神经网络。从可扩展性上看，这显然是不可能的！如果是这样的话，亚马逊需要为

它数以百万计的用户分别训练神经网络，每当有人走进 Amazon Go 时，就需要为他训练一个神经网络模型。

在人脸识别系统中应用卷积神经网络所面临的困境如图 7-7 所示。

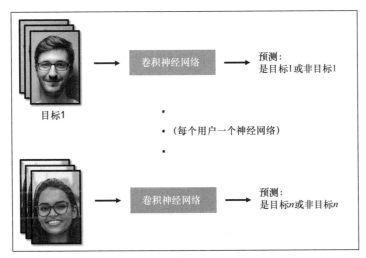

图 7-7

考虑到内存的限制，为每个用户单独训练神经网络是不现实的。仅考虑内存的消耗，为每个人训练一个神经网络也是不切实际的。因此，卷积神经网络并不适合人脸识别系统。

7.4.3 基于小数据集来实现高准确率

人脸识别系统的第三个需求是它必须在训练数据甚少的情况下具有足够高的准确率（这样才安全）。在第 4 章中，我们使用了一个非常巨大的数据集来训练卷积神经网络以识别猫狗图像。但是对于人脸识别系统，我们不可能有如此大量的训练数据。回到智能手机上的人脸识别录入程序这个例子，可以看到，系统只拍摄了有限的几张图像，我们必须基于这些有限的数据来训练神经网络。

从这一方面来看，卷积神经网络仍然不能满足要求，因为训练卷积神经网络需要很多数据。尽管卷积神经网络处理图像分类问题非常准确，但其代价也非常高，它需要非常大的数据集才能完成训练。想象一下，如果在进行人脸识别之前我们需要用手机完成几千张自拍那会是怎样一种感受！对于绝大多数的人脸识别系统，这是不可接受的。

7.5　一次学习

基于人脸识别系统独特的需求和限制，很显然，使用大量数据构建卷积神经网络（即批量学习分类）的模式是不合适的。我们的目标是创建一个可以基于一个训练样本完成训练并成功识别人脸的神经网络。这种类型的神经网络被称为一次学习（one-shot learning）。

一次学习为机器学习问题带来了全新模式。到目前为止，我们把大多数的机器学习问题看作回归问题。在第 2 章，我们使用多层感知器对病人是否患有糖尿病进行分类。在第 4 章，我们使用卷积神经网络对猫狗图像进行分类。在第 6 章，我们使用 LSTM 对影评所包含的情感信息进行分类。在本章，我们则不能把人脸识别仅仅看作一个分类问题，还应该把它看作对判断两幅输入图像相似度估计的问题。

举例来说，一个一次学习的人脸识别模型应该完成下述任务才能判断该人脸图像是否属于某个人（记作 A）：

- 检索系统中保存的 A 的图像（在录入阶段获取），这些都是 A 的真实图像；

- 在检测时（例如有人尝试解锁 A 的手机时），拍摄这个人的图像作为测试图像；

- 对于真实图像和测试图像，神经网络需要对两幅图像中的人脸相似度进行评分；

- 如果神经网络输出的相似度评分低于某个阈值（即两幅图中的图像不相似），则拒绝用户解锁，如果相似度评分高于某个阈值则授权用户。

上述过程如图 7-8 所示。

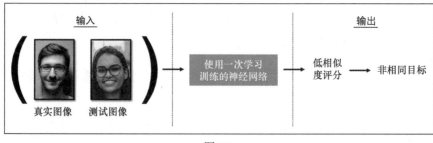

图 7-8

朴素一次预测——两个向量的欧氏距离

在学习神经网络是如何应用于一次学习之前，让我们学习一种朴素的相似性判断方法。

要确定真实图像和测试图像的相似度，用于一次预测（one-shot prediction）的一个朴素的方法是计算两幅图像的偏差。我们已经知道，所有的图像都是一个三维的向量。欧几里得距离为计算两个向量之间的偏差提供了一种数学方法。复习一下，两个向量之间的欧几里得距离如图 7-9 所示。

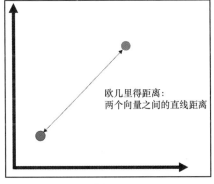

计算两幅图像的欧几里得距离为我们提供了一种用于一次预测的朴素方法。但是，通过这种方法计算出的相似度评分可以满足需要吗？答案显然是否定的。尽管通过计算欧几里得距离来完成人脸识别任务在理论上是可行的，但是实际结果却很糟糕。在现实生活中，图像会因为角度、光线以及外貌的变化（例如佩戴配饰和眼镜）而

图 7-9

变得不同。因此可以想象，基于欧几里得距离的人脸识别系统在现实应用时效果有多么糟糕。

7.6 孪生神经网络

至此我们已经可以确定，基于纯卷积神经网络和纯欧几里得距离的方法都不适用于人脸识别。然而，我们不必完全抛弃它们。两种方法都提供了有用的技术支持。我们可以整合它们使结果变得更好吗？

人类在识别人脸时，会本能地比较对方的面部特征。例如，人类会基于眼睛形状、眉毛宽度、鼻子大小、脸部轮廓等特征来识别对方。这是我们与生俱来的能力，角度和光线的变化很少会影响到我们的判断。能不能教会神经网络先基于图像中人脸的这些特征进行识别，然后再计算这些特征之间的欧几里得距离以判断其相似度呢？听上去是不是很熟悉！正如在之前的内容中看到的那样，卷积层非常擅长自动寻找并识别特征。研究人员发现，将卷积层应用于人脸图像时，它可以识别出眼睛和鼻子这样的空间特征。

上述的这些特点构成了一次学习算法的核心，具体如下。

● 使用卷积层来提取并识别面部特征。卷积层需要将图像映射到一个低维特征空间（例如 128×1 维向量）并输出。对于来自相同对象的人脸图像，当卷积层将它们映射到低维特征空间后，其结果应当相似，反之亦然。如果人脸图像来自于不同对象，则它们映射到低维特征空间后应该具有非常远的距离。

● 计算卷积层输出的两个低维向量的欧几里得距离来判断它们之间的偏差。注意，这样的低维向量应该有两个，因为我们在对比两幅图像（真实图像和测试图像）。两个向量的欧几里得距离和两幅图像的相似度成反比。

这一算法相对于之前提出的朴素欧几里得距离法（应用于原始图像像素）的效果要好很多。因为在第一步中，卷积层的输出结果是与角度、光线都无关的面部特征（例如眼睛和鼻子）。

最后要注意的是，因为我们同时向神经网络传递两张图像，所以需要创建两组独立的卷积层。但是，可以让两组卷积层具有相同的权重，因为希望两张相似的人脸图像被映射为低维特征空间中的一个相同点。如果两组卷积层的权重不同，则相似的人脸图像会被映射为不同的点，这样再计算欧几里得距离就没有意义了。

我们可以把这两组卷积层看作一对双胞胎，它们具有相同的权重。这种神经网络的结构如图 7-10 所示。

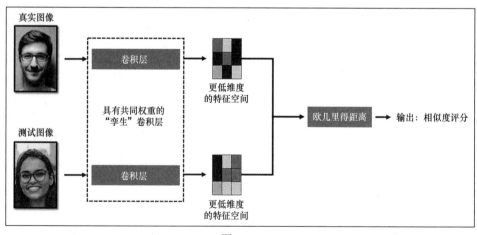

图 7-10

这种神经网络结构被称为孪生神经网络,因为它们具有相同的卷积层。

7.7　对比损失函数

这种基于距离而不是基于分类的神经网络训练方式需要一种全新的损失函数。回忆一下之前的内容,我们使用了非常简单的损失函数,例如使用分类交叉熵来测量模型在分类问题中的预测准确性。

在基于距离的预测中,基于准确率的损失函数是不能正常工作的。因此需要一种基于距离的损失函数来训练孪生神经网络。这里选择使用的基于距离的损失函数被称为对比损失函数(contrastive loss function)。

看看下面两个变量:

- Y_{true},如果两幅图像是相同的(相同的人脸)则令 Y_{true} 等于 1,如果是不同的两幅图像(不同的人脸)则令 Y_{true} 等于 0;

- D,神经网络输出的距离结果。

对比损失函数定义如下:

$$\text{Contrastive Loss} = Y_{true} * D^2 + (1 - Y_{true}) * \max(\text{margin} - D, 0)$$

这里的 margin 是一个常量正则化项。如果你觉得这个公式很吓人,请不要担心!它所做的就是当人脸相似时,对较大的预测距离产生一个大的损失(即惩罚值),对较小的预测距离产生一个小的损失值,反之亦然。

当人脸相似时(图 7-11 左图)和人脸不相似时(图 7-11 右图),损失值相对于预测距离的变化趋势如图 7-11 所示。

简而言之,对比损失函数就是要确保孪生神经网络能够学会当人脸图像相近时,产生一个较小的预测距离,而人脸图像不相近时则产生一个较大的预测距离。

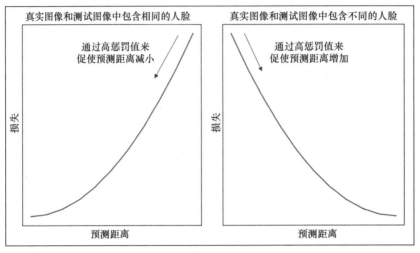

图 7-11

7.8　人脸数据集

现在，我们来看看本次项目所需的人脸数据集。Face Recognition Homepage 网站上汇总了能够公开使用的人脸数据集。

尽管能够使用的人脸数据集很多，但最适合训练人脸识别系统的数据集应该包含来自不同人的人脸图像。对每个人来说，则应该包含从不同角度拍摄的多张图像。最理想的情况是数据集提供的图像还包含不同的表情（闭眼等），因为在人脸识别系统中我们经常会处理类似的图像。

考虑到这些问题，我们选择了剑桥大学 AT&T 实验室提供的人脸数据集。这个数据集包含了 40 个人脸目标，每个人脸目标包含 10 张图像，均从不同的光线和角度拍摄，并且具有不同的面部表情。对于有些人脸目标，还拍摄了戴眼镜和不戴眼镜的情况。

本书将人脸数据集和本章的相关代码存放在异步社区中供你下载。

下载完成后，代码数据集存放于下面目录中：

```
'Chapter07/att_faces/'
```

不同目标的人脸图像分别存放于单独的子文件夹中。为了将图像导入为 NumPy 数组，首先声明一个带有文件路径的变量：

```
faces_dir = 'att_faces/'
```

然后，我们希望遍历该目录下的每个子文件夹，并将文件夹中的每幅图像导入为 NumPy 数组。为此，需要导入并使用 keras.preprocessing.image 中的 load_img 和 img_to_array 函数：

```
from keras.preprocessing.image import load_img, img_to_array
```

因为目标总数为 40，因此我们使用前 35 个目标作为训练数据，保留 5 个目标作为测试数据。下面的代码会依次遍历每个子文件夹并分别将图像加载到 X_train 和 X_test 两个数组中：

```python
import numpy as np

X_train, Y_train = [], []
X_test, Y_test = [], []

# 从 faces_dir 中获取子目录
# 每个子文件夹包含一个人脸目标的全部图像
subfolders = sorted([f.path for f in os.scandir(faces_dir) if f.is_dir()])

# 遍历所示子文件夹（目标）
# Idx 为目标 ID
for idx, folder in enumerate(subfolders):
    for file in sorted(os.listdir(folder)):
        img = load_img(folder+"/"+file, color_mode='grayscale')
        img = img_to_array(img).astype('float32')/255
        if idx < 35:
            X_train.append(img)
            Y_train.append(idx)
        else:
            X_test.append(img)
            Y_test.append(idx-35)
```

注意，Y_train 和 Y_test 中的标签为遍历每个子文件夹时用到的索引（对于第一个文件夹中的目标，设置标签为 1，第二个文件夹中的目标，设置标签为 2，依此类推）。

最后，我们将 X_train、Y_train、X_test 和 X_test 转换为 NumPy 数组：

```
X_train = np.array(X_train)
X_test = np.array(X_test)
Y_train = np.array(Y_train)
Y_test = np.array(Y_test)
```

太棒了！现在我们已经准备好了训练数据集和测试数据集。我们可以使用训练数据集来训练孪生神经网络并基于测试数据对其进行测试了。

现在，先绘制出某个目标的几幅图像，看看要处理的数据是什么样的。下面的代码会绘制某个目标的 9 幅图像（通过 subject_idx 变量选择目标索引）：

```
from matplotlib import pyplot as plt

subject_idx = 4
fig, ((ax1,ax2,ax3),(ax4,ax5,ax6),
      (ax7,ax8,ax9)) = plt.subplots(3,3,figsize=(10,10))
subject_img_idx = np.where(Y_train==subject_idx)[0].tolist()

for i, ax in enumerate([ax1,ax2,ax3,ax4,ax5,ax6,ax7,ax8,ax9]):
    img = X_train[subject_img_idx[i]]
    img = np.squeeze(img)
    ax.imshow(img, cmap='gray')
    ax.grid(False)
    ax.set_xticks([])
    ax.set_yticks([])
plt.tight_layout()
plt.show()
```

输出结果如图 7-12 所示。

可以看到，每张图像均拍摄于不同角度，并且目标具有不同的表情。在有些图像中，拍摄模特取下了眼镜。显然，这些图像是很不同的。

使用下面的代码，我们还可以绘制出前 9 个目标的图像：

```
# 绘制前 9 个目标
subjects = range(10)

fig, ((ax1,ax2,ax3),(ax4,ax5,ax6),
(ax7,ax8,ax9)) = plt.subplots(3,3,figsize=(10,12))
subject_img_idx = [np.where(Y_train==i)[0].tolist()[0] for i in subjects]
```

```
for i, ax in enumerate([ax1,ax2,ax3,ax4,ax5,ax6,ax7,ax8,ax9]):
    img = X_train[subject_img_idx[i]]
    img = np.squeeze(img)
    ax.imshow(img, cmap='gray')
    ax.grid(False)
    ax.set_xticks([])
    ax.set_yticks([])
    ax.set_title("Subject {}".format(i))
plt.show()
plt.tight_layout()
```

输出结果如图 7-13 所示。

图 7-12

不错，看上去我们的数据集具有足够的多样性。

图 7-13

7.9　在 Keras 中创建孪生神经网络

终于可以开始在 Keras 中创建孪生神经网络了。在之前的内容中，我们学习了孪生神经网络的原理及其宏观结构。现在，让我们仔细研究一下孪生神经网络的模型结构。

我们在本章构造的孪生神经网络的详细模型结构如图 7-14 所示。

首先，让我们创建共享卷积网络（如虚线框中所示）。学到这里，相信你已经非常熟悉卷积层、池化层和全连接层了。如果你对这些层的定义还有不清楚的地方，请参考第 4 章。

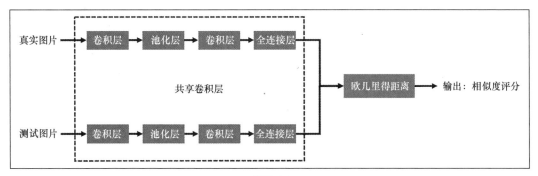

图 7-14

下面，让我们定义一个函数，并基于 Sequential 类来构建共享卷积网络：

```
from keras.models import Sequential, Input
from keras.layers import Conv2D, MaxPooling2D, Flatten, Dense

def create_shared_network(input_shape):
    model = Sequential()
    model.add(Conv2D(filters=128, kernel_size=(3,3), activation='relu',
    input_shape=input_shape))
    model.add(MaxPooling2D())
    model.add(Conv2D(filters=64, kernel_size=(3,3), activation='relu'))
    model.add(Flatten())
    model.add(Dense(units=128, activation='sigmoid'))
    return model
```

我们可以看到，上述函数基于图 7-14 所示的模型结构创建了一个卷积网络。现在，你可能好奇了，我们是如何在两个孪生的网络中共享权重呢？答案是，其实并不需要创建两个完全独立的网络，我们仅在 Keras 中声明一个共享网络的实例即可。我们可以利用这个实例创建两个卷积网络。因为是对一个实例的重用，所以 Keras 知道要让它们共享权重。

首先，使用之前定义的函数，来创建一个共享网络实例：

```
input_shape = X_train.shape[1:]
shared_network = create_shared_network(input_shape)
```

通过 Input 类为上下两层指定输入：

```
input_top = Input(shape=input_shape)
input_bottom = Input(shape=input_shape)
```

下一步，使用 Keras 中的 functional 方法在输入层右侧叠加共享网络，语法如下：

```
output_top = shared_network(input_top)
output_bottom = shared_network(input_bottom)
```

你可能对这个语法并不熟悉，因为我们之前都是使用用户体验更为友好的 Sequential 方法来构建模型。尽管使用 Sequential 更为简单，但这么做也损失了一定的灵活性，有些操作是无法基于 Sequential 完成的，例如构建上述的模型结构。因此，我们使用 functional 方法来构建此模型。

上述操作完成后，我们的模型结构如图 7-15 所示。

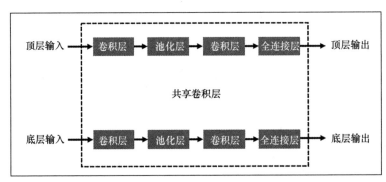

图 7-15

很好！剩余的工作就是将两个输出合并然后计算它们之间的欧几里得距离。记住，输出结果是一个用 128 × 1 维向量表示的低维线性空间。

因为 Keras 并没有可以直接计算欧几里得距离的层，所以我们必须自己定义。利用 Keras 中提供的 Lambda 层，我们可以封装任意函数并将其定义为层对象。

定义一个 euclidean_distance 函数来计算两个向量之间的欧几里得距离：

```
from keras import backend as K
def euclidean_distance(vectors):
    vector1, vector2 = vectors
    sum_square = K.sum(K.square(vector1 - vector2), axis=1, keepdims=True)
    return K.sqrt(K.maximum(sum_square, K.epsilon()))
```

可以将 `euclidean_distance` 函数封装到 Lambda 层中：

```
from keras.layers import Lambda
distance = Lambda(euclidean_distance, output_shape=(1,))([output_top,
            output_bottom])
```

最后，将上面定义的 `distance` 层与输入合并，构成完整的模型：

```
from keras.models import Model
model = Model(inputs=[input_top, input_bottom], outputs=distance)
```

调用 summary 函数，验证模型结构是否符合预期：

```
print(model.summary())
```

输出结果如图 7-16 所示。

```
Layer (type)                      Output Shape         Param #     Connected to
==================================================================================
input_1 (InputLayer)              (None, 112, 92, 1)   0

input_2 (InputLayer)              (None, 112, 92, 1)   0

Shared_Conv_Network (Sequential   (None, 128)          18707264    input_1[0][0]
                                                                   input_2[0][0]

Euclidean_Distance (Lambda)       (None, 1)            0           Shared_Conv_Network[1][0]
                                                                   Shared_Conv_Network[2][0]
==================================================================================
Total params: 18,707,264
Trainable params: 18,707,264
Non-trainable params: 0
```

图 7-16

从图 7-16 可以看到，模型有两个输入层，尺寸均为 $112 \times 92 \times 1$（因为图像尺寸为 $112 \times 92 \times 1$）。两个输入层均连接到一个共享卷积网络。共享卷积网络的两组输出（均为 128 维数组）合并后传入 Lambda 层，这一层会计算两个 128 维数组的距离。最后，将计算出的欧几里得距离作为模型的输出。

就是这样！我们已经成功地创建出了一个孪生神经网络。可以看到，模型的复杂性主要来自共享卷积层。有了这个基础结构，我们就可以根据需要增加共享卷积层的复杂度了。

7.10　在 Keras 中训练模型

孪生神经网络创建完成之后，我们就可以开始训练模型了。训练孪生神经网络和训练一般的卷积神经网络有些不同。回忆一下，当我们训练卷积神经网络的时候，输入的训练数据是图像数组，同时输入的还有标识每个图像类别的标签。与之不同的是，在训练孪生神经网络时，我们需要传入两张图像数组，同时传入的还有这两张图像的类别标签（如果这两张图像来自同一个目标，则标签为 1。如果这两张图像属于不同的目标，则标签为 0）。

训练卷积神经网络和训练孪生神经网络的不同点如图 7-17 所示。

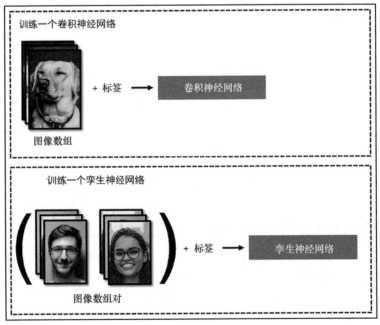

图 7-17

到目前为止，我们已经将原始图像加载到了 X_train 数组中，对应的类别标签则存放于数组 Y_train 中。现在，我们需要创建一个函数，它可以从 X_train 和 Y_train 创建一对输入图像矩阵。需要注意的是，在输入的图像矩阵中，类的数量应该相等（即

positive 和 negative 的个数要相同），positive 表示图像来自相同的目标，而 negative 表示图像来自不同的目标，同时我们应该交替使用 positive 组和 negative 组。这样做的目的是防止我们的模型产生偏差，并确保它对 positive 和 negative 的判断同样准确。

下面的函数会从 X_train 和 Y_train 中创建包含图像和对应标签的图像数组：

```python
import random
def create_pairs(X,Y, num_classes):
    pairs, labels = [], []
    # 图像的类别索引
    class_idx = [np.where(Y==i)[0] for i in range(num_classes)]
    # 所有种类中图像个数的最小值
    min_images = min(len(class_idx[i]) for i in range(num_classes)) - 1
    for c in range(num_classes):
        for n in range(min_images):
            # 创建 positive 组
            img1 = X[class_idx[c][n]]
            img2 = X[class_idx[c][n+1]]
            pairs.append((img1, img2))
            labels.append(1)
            # 创建 negative 组
            # 与当前类不同的类列表
            neg_list = list(range(num_classes))
            neg_list.remove(c)
            # 从 negative 列表中随机选取一个类别
            # 该类别将被用来构建 negative 组
            neg_c = random.sample(neg_list,1)[0]
            img1 = X[class_idx[c][n]]
            img2 = X[class_idx[neg_c][n]]
            pairs.append((img1,img2))
            labels.append(0)
    return np.array(pairs), np.array(labels)

num_classes = len(np.unique(Y_train))
training_pairs, training_labels = create_pairs(X_train, Y_train,
len(np.unique(Y_train)))
test_pairs, test_labels = create_pairs(X_test, Y_test,
len(np.unique(Y_test)))
```

在开始训练模型之前，还有一件事要做。我们需要定义对比损失函数（contrastive loss function），因为对比损失函数不是 Keras 的默认损失函数。

对比损失函数的公式如下：

$$\text{Contrastive Loss} = Y_{\text{true}} * D^2 + (1 - Y_{\text{true}}) * \max(\text{margin} - D, 0)$$

其中 Y_{true} 是用于训练的图像对的真实标签，D 是由神经网络预测后输出的距离值。

定义如下函数来计算对比损失：

```
def contrastive_loss(Y_true, D):
    margin = 1
    return K.mean(Y_true*K.square(D)+(1 - Y_true)*K.maximum((margin-D),0))
```

注意，这个函数使用了 K.mean、K.square 和 K.maximum。这些都是 Keras 提供的用于简化求均值、最大值和平方等数组运算的函数。

现在，我们已经定义了训练孪生神经网络所需的全部函数。和之前一样，我们需要使用 compile 函数来指定训练参数：

```
model.compile(loss=contrastive_loss, optimizer='adam')
```

然后，调用 fit 函数对模型进行 10 轮训练：

```
model.fit([training_pairs[:, 0], training_pairs[:, 1]], training_labels,
batch_size=64, epochs=10)
```

训练完成后，输出结果如图 7-18 所示。

```
Epoch 1/10
630/630 [==============================] - 2s 3ms/step - loss: 0.2505 - accuracy: 0.7619
Epoch 2/10
630/630 [==============================] - 1s 2ms/step - loss: 0.1344 - accuracy: 0.8937
Epoch 3/10
630/630 [==============================] - 1s 2ms/step - loss: 0.0932 - accuracy: 0.9413
Epoch 4/10
630/630 [==============================] - 1s 2ms/step - loss: 0.0612 - accuracy: 0.9730
Epoch 5/10
630/630 [==============================] - 1s 2ms/step - loss: 0.0404 - accuracy: 0.9921
Epoch 6/10
630/630 [==============================] - 1s 2ms/step - loss: 0.0283 - accuracy: 0.9984
Epoch 7/10
630/630 [==============================] - 1s 2ms/step - loss: 0.0208 - accuracy: 1.0000
Epoch 8/10
630/630 [==============================] - 1s 2ms/step - loss: 0.0155 - accuracy: 1.0000
Epoch 9/10
630/630 [==============================] - 1s 2ms/step - loss: 0.0123 - accuracy: 1.0000
Epoch 10/10
630/630 [==============================] - 1s 2ms/step - loss: 0.0091 - accuracy: 1.0000
```

图 7-18

7.11 结果分析

让我们将模型应用于测试数据，看看模型的准确率如何。记住，我们的模型从来没有见过测试数据集中的图像，因此可以通过测试数据集准确地评估出模型在现实中应用时的准确率。

首先，选取同一个目标的两幅图像并将其并列绘制，然后将模型应用于这两幅图像：

```
idx1, idx2 = 21, 29
img1 = np.expand_dims(X_test[idx1], axis=0)
img2 = np.expand_dims(X_test[idx2], axis=0)

fig, (ax1, ax2) = plt.subplots(1, 2, figsize=(10,7))
ax1.imshow(np.squeeze(img1), cmap='gray')
ax2.imshow(np.squeeze(img2), cmap='gray')

for ax in [ax1, ax2]:
    ax.grid(False)
    ax.set_xticks([])
    ax.set_yticks([])

dissimilarity = model.predict([img1, img2])[0][0]
fig.suptitle("Dissimilarity Score = {:.3f}".format(dissimilarity), size=30)
plt.tight_layout()
plt.show()
```

输出结果如图 7-19 所示。

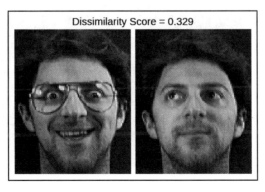

图 7-19

注意，相异度分值（dissimilarity score）是模型计算后输出的距离值。距离越大，两张脸的差异越大。

我们的模型效果不错！显然，这两幅图像中的人是同一个人。第一幅图像中的人戴眼镜、正视镜头且面带微笑。第二幅图像中的人，没戴眼镜、没看镜头也没有笑。我们的人脸识别模型仍然能够识别出这两张图像中的人物是同一个人（相异分值并不高）。

下面，我们选择来自不同目标的两幅图像，看看模型表现如何：

```python
idx1, idx2 = 1, 39
img1 = np.expand_dims(X_test[idx1], axis=0)
img2 = np.expand_dims(X_test[idx2], axis=0)

fig, (ax1, ax2) = plt.subplots(1, 2, figsize=(10,7))

ax1.imshow(np.squeeze(img1), cmap='gray')
ax2.imshow(np.squeeze(img2), cmap='gray')

for ax in [ax1, ax2]:
    ax.grid(False)
    ax.set_xticks([])
    ax.set_yticks([])

dissimilarity = model.predict([img1, img2])[0][0]
fig.suptitle("Dissimilarity Score = {:.3f}".format(dissimilarity), size=30)
plt.tight_layout()
plt.show()
```

输出结果如图 7-20 所示。

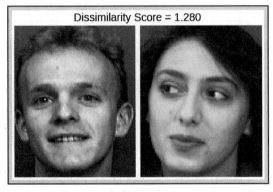

图 7-20

对于 negative 组（来自不同目标的两幅图像）模型效果依然不错。在这种情况下，相异度分值为 1.28。现在我们已经知道，由来自相同目标的两幅图像组成的 positive 组具有较低的相异度分值，而由来自不同目标的两幅图像组成的 negative 组具有较高相异度分值。但是，区分它们的阈值是多少呢？对它们分别进行测试以确定阈值：

```
for i in range(5):
    for n in range(0,2):
        fig, (ax1, ax2) = plt.subplots(1,2, figsize=(7,5))
        img1 = np.expand_dims(test_pairs[i*20+n, 0], axis=0)
        img2 = np.expand_dims(test_pairs[i*20+n, 1], axis=0)
        dissimilarity = model.predict([img1, img2])[0][0]
        img1, img2 = np.squeeze(img1), np.squeeze(img2)
        ax1.imshow(img1, cmap='gray')
        ax2.imshow(img2, cmap='gray')

        for ax in [ax1, ax2]:

            ax.grid(False)
            ax.set_xticks([])
            ax.set_yticks([])

        plt.tight_layout()
        fig.suptitle("Dissimilarity Score = {:.3f}".format(dissimilarity),
        size=20)
    plt.show()
```

我们选取了几组图像进行测试，测试结果如图 7-21 所示。左侧为 positive 组，右侧为 negative 组。

看出来了吗？从上述结果来看，阈值大概在 0.5 左右。当分数低于 0.5 则被认定为 positive 组（即人脸匹配成功），如果分数高于 0.5，则被认定为 negative 组。注意被归类为 negative 组的位于第二行右侧的一组图像，其阈值为 0.501，非常接近阈值。有趣的是，我们发现这两张图像中的人脸非常相似，尤其眼镜和发型！

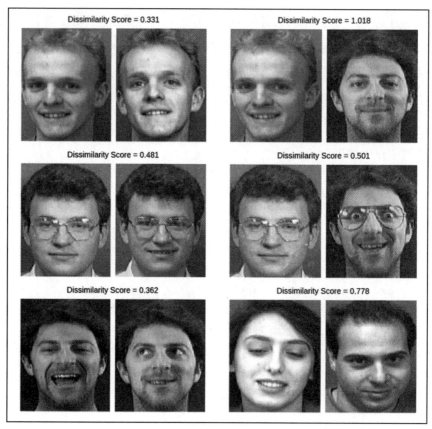

图 7-21

7.12　重构代码

至此，我们已经编写了很多代码，包括一些辅助函数。让我们把这些辅助函数合入 utils.py 文件中吧。

首先，需要导入必要的函数库：

```
import numpy as np
import random
import os
import cv2
from keras.models import Sequential
```

```
from keras.layers import Flatten, Dense, Conv2D, MaxPooling2D
from keras import backend as K
from keras.preprocessing.image import load_img, img_to_array
```

我们在 utils.py 文件中定义用于训练孪生神经网络模型的 euclidean_distance、contrastive_loss 和 accuracy 函数：

```
def euclidean_distance(vectors):
    vector1, vector2 = vectors
    sum_square = K.sum(K.square(vector1 - vector2), axis=1, keepdims=True)
    return K.sqrt(K.maximum(sum_square, K.epsilon()))

def contrastive_loss(Y_true, D):
    margin = 1
    return K.mean(Y_true*K.square(D)+(1 - Y_true)*K.maximum((margin-D),0))

def accuracy(y_true, y_pred):
    return K.mean(K.equal(y_true, K.cast(y_pred < 0.5, y_true.dtype)))
```

create_pairs 函数也需要定义在 utils.py 文件中。回忆一下，这个函数可以创建用于训练孪生神经网络的 negative 组和 positive 组图像：

```
def create_pairs(X,Y, num_classes):
    pairs, labels = [], []
    # 图像的类别索引
    class_idx = [np.where(Y==i)[0] for i in range(num_classes)]
    # 所有种类中图像个数的最小值
    min_images = min(len(class_idx[i]) for i in range(num_classes)) - 1
    for c in range(num_classes):
        for n in range(min_images):
            # 创建 positive 组
            img1 = X[class_idx[c][n]]
            img2 = X[class_idx[c][n+1]]
            pairs.append((img1, img2))
            labels.append(1)
            # 创建 negative 组
            neg_list = list(range(num_classes))
            neg_list.remove(c)
            # 从 negative 列表中随机选取一个类别
            # 该类别将被用来构建 negative 组
            neg_c = random.sample(neg_list,1)[0]
            img1 = X[class_idx[c][n]]
            img2 = X[class_idx[neg_c][n]]
```

```
            pairs.append((img1,img2))
            labels.append(0)

    return np.array(pairs), np.array(labels)
```

我们还需要将用于在 Keras 中创建孪生神经网络的 `create_shared_network` 函数定义在 utils.py 文件中：

```
def create_shared_network(input_shape):
    model = Sequential(name='Shared_Conv_Network')
    model.add(Conv2D(filters=64, kernel_size=(3,3), activation='relu',
    input_shape=input_shape))
    model.add(MaxPooling2D())
    model.add(Conv2D(filters=64, kernel_size=(3,3), activation='relu'))
    model.add(Flatten())
    model.add(Dense(units=128, activation='sigmoid'))
    return model
```

最后一个需要在 utils.py 文件中定义的辅助函数是 get_data。这个函数帮助我们加载图像并将其转换为 NumPy 数组：

```
def get_data(dir):
    X_train, Y_train = [], []
    X_test, Y_test = [], []
    subfolders = sorted([file.path for file in os.scandir(dir) if
    file.is_dir()])
    for idx, folder in enumerate(subfolders):
        for file in sorted(os.listdir(folder)):
            img = load_img(folder+"/"+file, color_mode='grayscale')
            img = img_to_array(img).astype('float32')/255
            img = img.reshape(img.shape[0], img.shape[1],1)
            if idx < 35:
                X_train.append(img)
                Y_train.append(idx)
            else:
                X_test.append(img)
                Y_test.append(idx-35)

    X_train = np.array(X_train)
    X_test = np.array(X_test)
    Y_train = np.array(Y_train)
    Y_test = np.array(Y_test)
    return (X_train, Y_train), (X_test, Y_test)
```

你可以查看本书提供的 `utils.py` 文件。

类似地，我们可以创建一个 `siamese_nn.py` 文件。这个文件包含创建以及训练孪生神经网络的主要代码：

```
'''
训练用于人脸识别系统的孪生神经网络的主代码
'''
import utils
import numpy as np
from keras.layers import Input, Lambda
from keras.models import Model

faces_dir = 'att_faces/'

# 导入训练数据集和测试数据集
(X_train, Y_train), (X_test, Y_test) = utils.get_data(faces_dir)
num_classes = len(np.unique(Y_train))

# 创建孪生神经网络
input_shape = X_train.shape[1:]
shared_network = utils.create_shared_network(input_shape)

input_top = Input(shape=input_shape)
input_bottom = Input(shape=input_shape)
output_top = shared_network(input_top)
output_bottom = shared_network(input_bottom)
distance = Lambda(utils.euclidean_distance, output_shape=(1,))([output_top,
output_bottom])
model = Model(inputs=[input_top, input_bottom], outputs=distance)

# 训练模型
training_pairs, training_labels = utils.create_pairs(X_train, Y_train,
num_classes=num_classes)
model.compile(loss=utils.contrastive_loss, optimizer='adam',
metrics=[utils.accuracy])
model.fit([training_pairs[:, 0], training_pairs[:, 1]], training_labels,
batch_size=128, epochs=10)

# 保存模型
model.save('siamese_nn.h5')
```

将文件保存到 Chapter07/siamese_nn.py 文件中。你应该已经注意到了，上述代码简短了很多，因为我们已经通过调用 utils.py 文件中的辅助函数重构了代码。

注意，我们在上述代码的最后一行将训练后的模型保存到了 Chapter07/siamese_nn.h5 文件中。我们可以导入训练后的模型来进行人脸识别而不必每次都重新训练。

7.13　创建一个实时人脸识别程序

终于，我们可以开始开发本项目最重要的部分了。我们要将之前编写的代码全部整合起来，创建一个实时人脸识别程序。该程序会使用计算机上的网络摄像头进行人脸识别，对坐在摄像头前的人进行认证。

为此，我们需要完成以下工作：

1．为人脸识别程序训练一个孪生神经网络（这一步在之前的内容中已经完成了）；

2．使用网络摄像头捕捉用户的真实人脸图像，这个过程称为人脸识别系统的录入过程；

3．随后，当有用户需要解锁时，使用在第 1 步中预先训练的孪生神经网络和第 2 步中采集的真实图像对用户进行认证。

 这部分内容需要使用网络摄像头（便携式笔记本上的摄像头或外接的摄像头均可）。如果你没有可用的网络摄像头，可以选择跳过这一部分的内容。

7.13.1　人脸录入过程

首先，让我们编写人脸录入程序的代码。在录入阶段，我们需要激活网络摄像头并用它捕捉用户的真实图像。OpenCV 提供了一个 VideoCapture 函数，可以帮助我们激活网络摄像头并捕捉图像：

```
import cv2
video_capture = cv2.VideoCapture(0)
```

在拍照之前，我们给用户提供 5 秒的准备时间。定义一个初值为 5 的 counter 变量，当 counter 递减为 0 时，使用摄像头拍照。注意，我们需要使用之前编写的人脸检测代码（存放于 face_detection.py 中）来检测前置摄像头捕捉到的人脸。拍摄的图像将被命名为 true_img.png 并存放于相同目录下：

```
import math
import utils
import face_detection

counter = 5

while True:
    _, frame = video_capture.read()
    frame, face_box, face_coords = face_detection.detect_faces(frame)
    text = 'Image will be taken in {}..'.format(math.ceil(counter))
    if face_box is not None:
        frame = utils.write_on_frame(frame, text, face_coords[0], face_coords[1]-10)
        cv2.imshow('Video', frame)
        cv2.waitKey(1)
        counter -= 0.1
        if counter <= 0:
            cv2.imwrite('true_img.png', face_box)
            break

# 所有操作完成后，释放摄像头资源
video_capture.release()
cv2.destroyAllWindows()
print("Onboarding Image Captured")
```

人脸录入程序的界面如图 7-22 所示。

上述代码保存于 Chapter07/onboarding.py 文件中。你只需要在命令提示符（对于 Windows 系统）或终端（macOS/Linux）中执行下面的命令即可运行该录入程序：

```
$ python onboarding.py
```

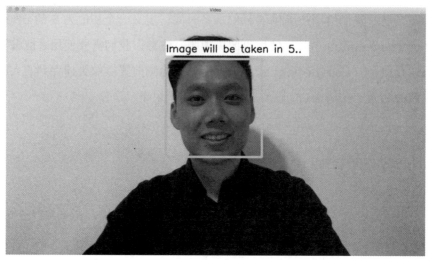

图 7-22

7.13.2　人脸识别过程

录入过程完成后，可以进入人脸识别过程了。首先，我们会询问用户姓名。稍后会看到，检测到的人脸上方会显示对应用户的姓名。**Python** 的 input 函数可以接收用户的输入：

```
name = input("What is your name?")
```

用户看到提示后，通过命令行输入其姓名。

然后，导入预先训练好的孪生神经网络：

```
from keras.models import load_model
model = load_model('siamese_nn.h5', custom_objects={'contrastive_loss':
utils.contrastive_loss, 'euclidean_distance':utils.euclidean_distance})
```

随后，加载录入阶段采集到的用户图像并在将其传入孪生神经网络前对其进行预处理（包括正规化、尺寸变换和形状变换等图像操作）：

```
true_img = cv2.imread('true_img.png', 0)
true_img = true_img.astype('float32')/255
true_img = cv2.resize(true_img, (92, 112))
true_img = true_img.reshape(1, true_img.shape[0], true_img.shape[1], 1)
```

程序的后半部分将使用 OpenCV 提供的 VideoCapture 函数来捕捉用户的摄像头

拍到的视频，然后将捕捉到的视频逐帧传入 `face_detection` 实例。我们使用一个定长数组（Python 的 `collections.deque` 类来实现）来保存最新的 15 个预测结果（每一帧进行一次预测），如果所有预测结果的平均相似度分数超过某一阈值，则对用户进行授权。剩余部分代码如下：

```python
video_capture = cv2.VideoCapture(0)
preds = collections.deque(maxlen=15)

while True:
    # 逐帧捕获图像
    _, frame = video_capture.read()

    # 检测人脸
    frame, face_img, face_coords = face_detection.detect_faces(frame,
    draw_box=False)

    if face_img is not None:
        face_img = cv2.cvtColor(face_img, cv2.COLOR_BGR2GRAY)
        face_img = face_img.astype('float32')/255
        face_img = cv2.resize(face_img, (92, 112))
        face_img = face_img.reshape(1, face_img.shape[0],
        face_img.shape[1], 1)
        preds.append(1-model.predict([true_img, face_img])[0][0])
        x,y,w,h = face_coords
        if len(preds) == 15 and sum(preds)/15 >= 0.3:
            text = "Identity: {}".format(name)
            cv2.rectangle(frame, (x, y), (x+w, y+h), (0, 255, 0), 5)
        elif len(preds) < 15:
            text = "Identifying ..."
            cv2.rectangle(frame, (x, y), (x+w, y+h), (0, 165, 255), 5)
        else:
            text = "Identity Unknown!"
            cv2.rectangle(frame, (x, y), (x+w, y+h), (0, 0, 255), 5)
        frame = utils.write_on_frame(frame, text, face_coords[0],
        face_coords[1]-10)
    else:
```

```
    # 如果没有检测到人脸则清空已经保存的预测结果
    preds = collections.deque(maxlen=15)

    # 显示结果
    cv2.imshow('Video', frame)

    if cv2.waitKey(1) & 0xFF == ord('q'):
        break

# 操作完成后，释放资源
video_capture.release()
cv2.destroyAllWindows()
```

代码保存在 Chapter07/face_recognition_system.py 文件中。如果你想要执行该代码，请在命令提示符（Windows 系统）或终端（macOS/Linux）执行下面的命令：

$ python face_recognition_system.py

在执行人脸识别程序之前，请确保已经执行了录入程序（拍摄真实图像）。

程序开始进行人脸识别时的画面如图 7-23 所示。

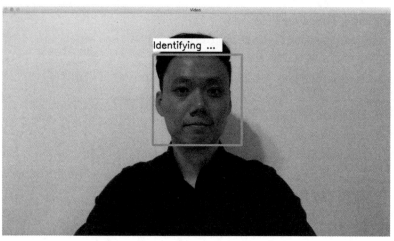

图 7-23

程序应该可以在几秒内识别出你，如图 7-24 所示。

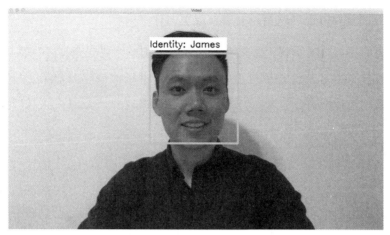

图 7-24

7.13.3 工作展望

正如看到的那样，人脸识别在简单的场景下可以很好地工作。但是，这个系统还称不上简单易用，而且安全等级也不高，不适合用在重要的应用上。例如，我们可以用一张静态图像欺骗该人脸识别系统（你可以亲自试试）。理论上讲，这意味着我们可以通过将授权用户的静态图像置于摄像头前来绕过认证系统。

我们可以通过反欺骗技术来应对这一问题。反欺骗技术是人脸识别领域中的一个重要的研究方向。当今使用的反欺骗技术通常有以下两种。

- 活体检测（liveness detection）：由于图像是静态的二维图像，而真实的人脸则是动态的三维物体，所以我们可以对人脸进行活体检测。进行活体检测的方法包括光流（optic flow）检测、照明和纹理检测（相对于周围环境）。

- 机器学习：我们还可以使用机器学习来区分真实人脸和图像！我们可以训练一个卷积神经网络分类器来判断目标图像属于真实人脸还是静态图像。但是，你必须具有足够多的标记数据（人脸和非人脸）来完成训练。

如果想了解更多有关人脸识别的信息，你可以观看吴恩达（Andrew Ng）介绍百度人脸识别系统（包括活体检测）的视频。

如果你希望了解苹果公司在 iPhone 上提供的 face ID 系统是如何实现的，你可以搜索"FaceID Security Guide"这篇论文来获取更多详细内容。

苹果公司的 face ID 系统比本章介绍的人脸识别系统要安全得多。苹果公司使用了 TrueDepth 相机，该相机将红外散斑投射在你的面部并依此创建一个深度图像，然后基于该深度图像进行人脸识别。

7.14　小结

在本章，我们基于孪生神经网络创建了一个人脸识别系统。通过将网络摄像头捕捉到的视频流传入预先训练的孪生神经网络，再结合预先拍摄的用户的真实图像，该人脸识别系统可以对镜头前的用户进行认证。

首先，我们将人脸识别系统分割为多个子问题。在进行人脸识别操作前，该系统先进行人脸检测，将图像中的人脸与其他部分分割开来。这一步骤通常使用 Viola-Jones 算法完成，该算法使用 Haar 特征来进行实时人脸检测。我们可以使用 Haar 滤波器来进行人脸检测，该滤波器已经在 OpenCV 库中实现，这使得我们可以仅通过几行代码就完成人脸检测程序的开发。

人脸检测完成后，我们将注意力转向人脸识别。首先，我们定义了人脸识别系统的需求（速度、可扩展性、基于小数据实现高准确率）。基于这些需求，我们可以确定卷积神经网络不适合该问题。因此接着介绍了孪生神经网络，以及基于距离进行预测的孪生神经网络为什么适用于人脸识别。使用 AT&T 的人脸数据集，我们在 Keras 中训练了一个孪生神经网络。

最后，使用这个预先训练的孪生神经网络，我们可以使用 Python 创建一个人脸识别系统。该人脸识别系统主要包含两个步骤。在第一步（录入阶段）中，我们基于 OpenCV 的人脸检测 API，通过网络摄像头捕捉了用户的图像，并将其作为真实图像输入孪生神经网络。在第二步中，该系统会基于这个真实图像对用户进行识别和认证。

下一章将是本书的最后一章。在第 8 章，我们将回顾已经完成的各个项目。此外，我们还会展望未来，看看神经网络和人工智能在未来几年会有怎样的发展。

7.15　习题

1．问：人脸检测和人脸识别有什么区别？

答：人脸检测的目的是在图像中定位人脸，它的输出结果是一个绘制在人脸周围的包围盒。而对于人脸识别来说，它的目的是对人脸进行分类（即识别目标）。人脸检测和人脸识别是人脸识别系统中的两个关键步骤，人脸检测的结果会作为人脸识别的输入。

2．问：用于人脸检测的 Viola-Jones 算法是什么？

答：Viola-Jones 算法使用 Haar 特征来进行人脸检测。Haar 特征是一种过滤器，它包含人脸中交替出现的明暗区域（图像像素强度值）。例如，人脸眼部区域的像素相较于额头和脸颊更暗。Haar 过滤器被用来在图像中定位可能包含人脸的区域。

3．问：什么是一次学习，它和批量学习有什么区别？

答：一次学习的目的是使用非常少量的数据来训练机器学习模型。与之相对的是，批量学习使用大量的数据来训练机器学习模型。一次学习经常被用在图像识别任务中，因为在图像识别任务中，训练样本数据有时是非常稀疏的。

4．问：请描述孪生神经网络的结构。

答：孪生神经网络包含了两个互相连接的、具有相同权重的卷积层，它能够接收一对输入图像。这两个卷积层会将输入图像转换为一个低维特征空间。通过欧几里得距离层，我们可以计算这两个低维特征向量的欧几里得距离，该距离与两个图像的相似度成反比。

5．问：在训练用于人脸识别任务的孪生神经网络时，应该使用什么损失函数？

答：我们使用对比损失函数来训练孪生神经网络以将其用于人脸识别任务。对比损失函数要求神经网络在处理两张相似的图像时，能够输出一个较小的距离值，反之亦然。

第 8 章
未来是什么样的

我们做到了！我们已经创建了 6 个不同的神经网络项目，每个神经网络都具有其独特的结构。本书的最后一章会总结一下取得的成就，还会介绍一些神经网络和深度学习在近期所取得的新进展。最后，本章会带你一窥神经网络和人工智能的未来。

本章包括以下内容：

- 简单回顾本书使用的各种神经网络；

- 简单回顾神经网络的关键概念；

- 神经网络最新进展；

- 神经网络的局限性；

- 人工智能和机器学习的未来；

- 继续学习机器学习；

- 最受喜爱的机器学习工具；

- 你会创建什么样的神经网络项目？

8.1 项目总结

到目前为止，你已经通过本书学习了很多内容。让我们简单总结一下每一章所涉及的项目以及它们背后的神经网络吧。同时，本节还会带你迅速复习一下相关神经网络所包含的关键概念。

8.1.1 机器学习和神经网络导论

在第 1 章，我们构建了一个最简单的单层神经网络——感知机。从本质上讲，感知机就是一个数学函数，它接收一组输入，然后执行某种数学计算并输出计算结果。对于感知机来说，数学计算就是将输入与权重相乘。

因此，一组正确的权重决定了我们的神经网络是否能够很好地工作。开始时，神经网络的权重是随机初始化的。调节神经网络权重并使得网络性能趋于最佳的过程称为模型训练。在训练过程中，神经网络的权重不断被调节以期让损失函数趋于最小值。损失函数的作用是对模型的性能进行量化评估。我们使用梯度下降法对权重进行调节并使损失函数趋于最小值。

我们在不使用任何机器学习库（例如 Keras 或 scikit-learn）的情况下，创建了第一个神经网络。随后，我们在一个简单的例子中使用了该神经网络。在这个例子中，神经网络需要进行二元预测（1 或 0）。我们在训练该模型时使用了平方和误差作为损失函数，如果预测结果错误，则误差为 1，如果预测结果正确，则误差为 0。然后，我们将每个点的误差进行求和并得到平方和误差。可以看到，神经网络可以从训练中学习并针对测试数据进行准确预测。

理解神经网络的概念之后，我们介绍了 Python 中用于神经网络和机器学习的重要库。在处理表格类数据集（例如来自 CSV 文件的数据）时，pandas 是一个必要的工具，它还可以对数据进行可视化。更重要的是我们还讨论了 Keras，它是 Python 中用于神经网络和深度学习的必不可少的库。

我们介绍了 Keras 中的基础构建模块，也就是层。在 Keras 中有多种类型的层，最重要的是卷积层和全连接层，本书介绍的所有神经网络几乎用到了它们。

8.1.2 基于多层感知机预测糖尿病

在第 2 章，我们创建了一个可以用来预测患者是否有罹患糖尿病风险的神经网络。

具体来说，我们使用了一个被称为多层感知机的神经网络对数据进行分类预测。在本项目中，我们使用了皮马印第安人糖尿病数据集。该数据集包含 768 条不同数据，每个数据均包含 8 个测量值（即特征），同时每条数据都有一个对应的分类标签。

作为机器学习工作流的一个步骤，我们必须在使用数据前对数据进行预处理。我们必须处理丢失的数据，进行数据标准化，并将数据集分割为训练数据集和测试数据集。

在本章，我们使用了 Keras 来构建神经网络。我们学习了如何使用 Keras 中的 Sequential 类来逐层构建神经网络，就像搭积木一样，将多个层叠加起来。此外，我们还学习了 ReLU 和 sigmoid 激活函数，它们都是非常常用的激活函数。

我们通过混淆矩阵和 ROC 曲线对模型性能进行了评估。混淆矩阵和 ROC 曲线是帮助我们了解模型性能的两个重要工具。

8.1.3　基于深度前馈网络预测出租车费用

在第 3 章，我们需要根据乘客的上车点和下车点对出租车行程费用进行预测。针对这个回归预测问题，我们使用了深度前馈神经网络。在这个项目中，我们必须使用一个包含多种噪声的数据集，其中存在数据丢失和异常等情况。在这个项目中，我们体会到了数据可视化对于我们发现数据集中的离群点很有帮助，同时数据可视化还可以帮助我们发现数据集中所包含的重要特征。

同时，我们还在这个项目中第一次使用了特征工程这一技术。通过使用已知的特征，我们创建了用于改善模型预测的准确率的其他特征。最后，我们在 Keras 中创建并训练了深度前馈神经网络并得到了很好的预测结果，其均方根误差仅为 3.50。

8.1.4　猫还是狗——使用卷积神经网络进行图像分类

在第 4 章，我们第一次将神经网络应用于图像识别和计算机视觉领域。具体来讲，我们创建了一个卷积神经网络来对包含猫狗的图像进行分类。

数字图像本质上是一种二维数组（对于灰阶图像来说），每个数组的值都表示该位置对应像素的强度值。卷积神经网络对于大多数的图像识别问题来说是首选的方案。

卷积神经网络中的滤波和卷积操作可以识别图像中重要的空间特征，因此它非常适用于图像识别问题。卷积神经网络在其发展过程中经历了多次迭代和发展。首先出现的是 1998 年的 LeNet，随后的是更加复杂精妙的 VGG16 和 ResNet，它们都是在 2010 年左右出现的。

我们在 Keras 中创建了卷积神经网络，由于数据集（猫狗图像）太大不能一次性加载进内存，因此我们使用 Keras 提供的 ImageDataGenerator 和 flow_from_directory 方法对模型进行了训练。我们创建的简单的卷积神经网络达到了 80% 的准确率。同时，我们还学习了如何使用迁移学习这一技术，利用预先训练的 VGG16 神经网络来处理猫狗图像分类问题。这一方法体现了 VGG16 的复杂性，并且获得了 90% 的准确率。

8.1.5　使用自动编码器进行图像降噪

在第 5 章，我们研究了一类特殊的神经网络——自动编码器。这种神经网络可以学习输入的隐式表示。自动编码器中的编码器组件会将输入压缩为一个隐式表示，然后解码器组件会从该隐式表示中重建输入。

在自动编码器中，用于隐式表示的隐藏层尺寸是一个非常重要的超参数，需要非常仔细地对其进行调优。隐式表示的尺寸需要足够小，这样才能对输入特征进行足够的压缩。同时，因为解码器要基于它来重建输入，所以这个尺寸也要足够大，否则会有很大的损失。

我们训练了一个自动编码器并用它对 MNIST 图像进行了压缩。使用一个 32×1 的隐藏层，我们获得了 24.5 的压缩率，同时保证了生成的图像和输入的原始图像是相似的。

此外，我们还将自动编码器用于图像降噪处理。通过将包含噪声的图像作为输入并将干净的图像作为输出，我们可以训练自动编码器识别图像中不属于噪声的特征。这样，我们就可以使用自动编码器来移除图像中的噪声了。这种自动编码器也被称为降噪自动编码器。训练好的降噪自动编码器可用于污染文件数据集，该数据集包含了被污渍污染的扫描文件。通过降噪自动编码器中的卷积层，我们几乎可以移除被污染文档中的全部噪声。

8.1.6　使用 LSTM 对影评进行情感分析

在第 6 章，我们研究了自然语言处理（NLP）领域的序列化问题——情感分析。情感分析问题，对于人类来说也是一种富有挑战性的任务，因为相同的词在不同的语境下会具有不同的意思。RNN 被认为是最适合处理情感分析这类序列化问题的神经网络。然而，传统的 RNN 不能很好地处理长期依赖问题，这就意味着它在处理冗长的文本时会显得捉襟见肘。

RNN 的变种——LSTM 就是被设计出来用于克服长期依赖问题的。LSTM 的思想是，既然它可以将权重赋值给词汇，那么我们可以选择性地遗忘那些不太重要的词汇而着重记忆那些重要的词汇。

我们还学习了如何使用词嵌入将单词表示为向量形式。词嵌入将单词转换为一个低维的特征空间并将意思相似的单词放在距离相近的地方，将意思不相似的单词放在相距较远的地方。

我们使用 Keras 训练了一个 LSTM 神经网络，该网络用于对 IMDB 影评数据集进行情感分析。在训练 LSTM 网络时，我们对需要调优的超参数进行了研究。可以看到，不同的优化器对 LSTM 网络的性能影响是非常大的。最后训练完成的 LSTM 网络对 IMDB 影评的情感分类准确率为 85%。

8.1.7　基于神经网络实现人脸识别系统

在第 7 章，我们使用孪生神经网络构建了一个人脸识别系统。孪生神经网络是一类特殊的神经网络，它具有一个共享的、相互连接的组成部分。它接收一组图像作为输入，然后计算两幅图像的距离并输出，该距离和两个图像间的相似度成正比。这一过程体现了孪生神经网络背后的原理，如果两张人脸图像属于同一个人，那么它们的距离应该较小。反之，如果不属于同一个人，则距离应该较大。基于 positive 组（两幅图像属于同一个人）和 negative 组（两幅图像属于不同的人）对孪生神经网络进行训练并使用对比损失函数，该神经网络最终学会了如何针对 positive 组和 negative 组计算合适的距离。

此外，我们还研究了人脸识别中重要的前期步骤——人脸检测技术。人脸检测用于将原始图像中的人脸提取出来并传递给神经网络进行人脸识别。人脸检测通常使用 Viola-Jones 算法完成，该算法使用 Haar 特征来检测图像中的面部特征。在我们的人脸识别系统中，我们基于网络摄像头读取的视频流，并借助 OpenCV 进行人脸检测，然后使用训练好的孪生神经网络进行人脸识别。

8.2　神经网络的最新进展

正如 8.1 节介绍的那样，本书已经包括了神经网络的很多内容。然而，神经网络具有无限的潜能，还有很多非常重要的神经网络类型我们并没有在本书中介绍。为保证本书的完整性，我们会在本节讨论这些神经网络。你将会看到，这些神经网络和我们之前学习过的神经网络非常不同，它们将为你提供一个非常不一样的视角。

8.2.1　生成对抗网络

生成对抗网络（Generative Adversarial Network，GAN）属于生成神经网络的一种。为了理解生成模型，就需要将它与判别模型（discriminative model）对比。截至目前，本书介绍的神经网络模型均为判别模型。判别模型只关心如何将特征映射到标签。例如，当我们创建一个用于对猫狗图像进行分类的卷积神经网络时，这个卷积神经网络就是一个判别模型，它需要学习如何将特征（图像）映射到标签（猫或狗）。

生成模型关心的是如何基于给定的标签生成合适的特征。例如，将图像标记为猫或者狗，生成模型需要学习如何为每个标签创建合适的特征。换言之，需要学习如何合成猫狗图像！

GAN 是近些年人工智能领域令人兴奋的进展之一。实际上，Yann LeCun 将 GAN 称为近十年机器学习领域最有趣的想法。那么，GAN 是如何工作的呢？GAN 包含两个组成部分——生成器和判别器。生成器的功能是生成特征（例如图像），而判别器的功能是评估生成器生成的特征是否能很好地反映原始特征。当训练 GAN 时，我们让生成器和判别器进行对抗（这就是生成对抗网络中对抗的含义）。最终，生成器生成的特征越来越接近原始特征，直至判别器无法区分二者，此时生成对抗网络便可以生成一个非常逼真的图像。

想要了解生成对抗网络目前的发展水平，可以阅读 NVIDIA 研究人员发表的论文："GANDissection: Visualizing and Understanding Generative Adversarial Networks"（arxiv-1812.04948）。在这篇文章中，你可以看到一些通过 GAN 生成的人脸图像，你很难将其与真正的人脸区别开来。GAN 的发展速度令人害怕，我们现在已经能基于它生成超级逼真的人脸图像了。

GAN 还有很多其他有趣的应用场景。例如，研究人员发现 GAN 可以用于风格迁移（style transfer）技术。在风格迁移中，GAN 首先学习给定图像的艺术风格，然后将该风格应用于其他图像。例如，我们可以让 GAN 学习梵高的著名作品《星月夜》的艺术风格，然后将该风格应用于其他任意图像。你可以查看这个 GitHub 仓库（jcjohnson/neural-style），其中包含了一些风格迁移作品。

8.2.2　深度强化学习

强化学习是机器学习的一个分支，它需要学习在任意给定状态下，如何采取行动才能获得最大的收益。强化学习已经被应用于国际象棋等游戏领域。在国际象棋中，棋子在棋盘中的位置代表了我们当前所处的状态。强化学习的作用就是在任意给定状态下确定当前最佳的行动方式（即如何移动棋子）。

如果我们认为任意状态下的最佳行动都可以用一个数学公式表示（即动作值函数），那么我们可以训练神经网络来学习该动作值函数。学习完成后，我们的神经网络可以被用来预测任意状态下的最佳行动——我们的神经网络将成为百战百胜的国际象棋选手！在强化学习领域使用深度神经网络被称为深度强化学习。

深度强化学习在游戏领域颇有建树。2017 年，基于人工智能的人机对弈系统 AlphaGo，通过深度强化学习技术训练后，战胜了世界顶尖围棋选手之一——柯洁。AlphaGo 的胜利也点燃了人们对于人工智能未来的热议。

2018 年，OpenAI Five（5 个神经网络组成的队伍）战胜人类业余 Dota 2 选手则是深度强化学习的又一次飞跃。Dota 2 是一个多人线上游戏，这类游戏的规则非常复杂多变，人们曾经认为人工智能在这一领域并不能有所作为 。Dota 2 的明星职业选手因为他们敏锐的思维和迅捷的反应速度成为了大批粉丝所崇拜的对象。如今，OpenAI Five 还在不断提高它在 Dota2 领域的表现。OpenAI Five 每天使用 180 场年度最佳游戏对局来训练自己。OpenAI Five 将游戏的状态看作一个包含 20 000 个数的矩阵，并依此做出最佳行动决策。

欲了解更多关于 OpenAI Five 的信息或想尝试训练样例程序，请访问 OpenAI 网站。

除了游戏领域，深度强化学习对于自动驾驶同样非常重要。无人车通过计算机视觉算法抽象其周围的世界。这种抽象表示了车辆目前所处的状态。深度强化学习基于此做出最佳的行动决策（例如，加速或刹车）。

8.3 神经网络的局限性

看上去神经网络似乎拥有无限的可能，然而，实际上神经网络和机器学习能够做的事情其实很有限。

首先，神经网络的可解释性很差。换句话说，神经网络通常以黑盒的形式工作，因此我们很难对其输出结果做出解释。以第 2 章的项目举例，我们使用神经网络预测病人罹患糖尿病的风险。神经网络将血糖水平、血压、年龄等特征作为输入，然后将病人是否患病的预测结果作为输出。尽管我们的神经网络可以以非常高的准确率对是否患糖尿病进行预测，但我们却无法知晓究竟什么因素会影响预测结果。这对医生来说是不够的，因为他们希望能够为患者制定干预计划。

当考虑到现实应用时，可解释性的缺乏会成为顾虑，用户对于黑盒算法会感到不舒服。除了模型性能以外，用户同样希望知道模型是如何工作的，以及哪些因素会对目标变量造成影响，而这些目标变量正是业务所关注的。

增强神经网络的可解释性是目前学者们所关注的领域之一。实际上，研究人员正在研究当深度神经网络应用于计算机视觉问题时，如何产生可解释的结果。为此，一些研究人员希望将卷积神经网络的卷积层简化为图模型，使其可以表示隐藏在神经网络内部的语义层次结果。

神经网络的第二个限制是它在应用于图像识别时很容易被误导。以第 4 章的项目为例，当我们使用卷积神经网络模型对猫狗图像集进行图像分类时，其准确率高达 90%。尽管卷积神经网络被认为是最先进的图像识别技术，但它的致命要害则是容易被人恶意干扰。

Nguyen 等人近期的研究结果表明，由于神经网络和人类对图像进行感知的原理并不相同，因此使用一个人类完全无法识别的图像可以对神经网络进行误导，从而导致神经网络产生错误的结果。例如，有一些合成图像均不能被人类所识别，但是可以用来误导神经网络，如果感兴趣请查看 Nguyen 等人的论文："Deep Neural Networks are Easily Fooled: High Confidence Predictions for Unrecognizable Images"。

不仅如此，研究人员发现，以一种人类可以识别的方式将上述合成图像与正常图像结合起来，神经网络仍然会被误导，从而产生错误的结果。

这一研究结果对基于神经网络的计算机视觉安防系统的可行性产生了重大的影响。恶意代理可以通过精心构造一幅图像并将其输入神经网络来对模型进行误导，从而绕过安防系统。

很显然，神经网络还远远称不上完美，它也不是解决所有问题的万能钥匙。但是，我们还是有理由保持乐观，因为我们对于神经网络的认识还在不断进步，新的突破也在不断涌现。

8.4　人工智能和机器学习的未来

下面，我们来探讨一下人工智能和机器学习的未来。依我来看，在未来几十年内我们会看到以下关键技术的兴起：

- 强人工智能（artificial general intelligence）；

- 自动机器学习（automated machine learning）。

8.4.1　强人工智能

强人工智能（Artificial General Intelligence，AGI）是指可以胜任任何人类智力任务的人工智能。研究人员将人工智能分为弱人工智能和强人工智能，其中弱人工智能指的就是今天的人工智能。目前的人工智能大多数只关注某个单一的任务。例如，我们训练人工智能来预测病人是否会罹患糖尿病，训练其他人工智能来对猫和狗图像进行分类。这些处理不同任务的人工智能是独立的个体，它们被分别训练以完成特定的任务，而对其他任务则无能为力。这种功能局限的人工智能，被称为弱人工智能。

另一方面，强人工智能是指能够处理任何问题的通用人工智能。强人工智能在某种程度上类似于一个具有自我意识的类人的人工智能助手。目前来看，强人工智能还仅存于科幻小说中。我认为，目前我们所使用的机器学习算法（例如神经网络、决策树）还不足以创建强人工智能。用 Keras 的开发者 Francois Chollet 的话来说：

> "你不能指望通过简单地扩展当今的深度学习技术就实现强人工智能。"
>
> ——Francois Chollet

想要实现强人工智能还需要在技术上取得足够的突破，就像神经网络和深度学习在弱人工智能上取得的突破一样。

8.4.2　自动机器学习

数据科学家被称为 21 世纪最"性感"的职业之一，现实却是大多数数据科学家在数据预处理和超参数调优等这类耗时的工作上浪费了大量的时间。为了解决这一问题，谷歌等公司开发了将机器学习过程自动化的工具。谷歌最近发布的 AutoML 是一个使用神经网络来设计神经网络的解决方案。谷歌相信 AutoML 可以将数据科学家目前正在使用的专业技能打包并作为云服务提供给用户。

当然，有些数据科学家一想到他们有一天会被人工智能取代，便声称自动机器学习永远不可能成为现实。我个人的想法比较中立。现在已经有一些可以帮助我们将某些耗时任务（如调参）自动化的 Python 库。这些库可以对某个范围内的超参数进行穷举，并选择可以使结果最佳的超参数。甚至有些 Python 库可以自动对数据集进行可视化，并自动绘制重要图表。随着这些库逐渐成为主流，我相信数据科学家可以在这些烦琐耗时的工作上少花一些时间，腾出更多的时间来进行更加重要的工作，例如模型设计和特征工程。

8.5　持续获取机器学习的相关信息

机器学习和人工智能领域一直在不断发展，新的知识被不断发现。我们怎样才能在这个不断发展的领域不断获取最新信息呢？就我个人来讲，阅读图书、科学期刊以及使用真实数据进行练习是不错的选择。

8.5.1　图书

你能够阅读本书，本身就说明了你希望不断学习新知识的决心！可惜的是，本书并不能包括机器学习领域方方面面的内容。如果你很喜欢本书，你可以参考 Packt 公司提供的书目。你会发现 Packt 的图书几乎涵盖机器学习各个领域的内容。Packt 团队同时不断推陈出新，确保读者可以接触到机器学习相关技术的最新进展。

8.5.2　学术期刊

人工智能研究人员始终秉持开放的态度。他们坚信知识应该被无偿地分享，同时他们也明白，使社区不断壮大的最佳途径便是分享。因此，人工智能和机器学习领域的大多数前沿科技论文可以在互联网上免费获取。实际上，大多数的人工智能学者在 Arxiv 网站上分享他们的成果。

Arxiv 是一个科学期刊开放数据库。大多数最前沿的科研成果在 Arxiv 上进行免费分享。不断站在前人的肩膀上进行探索，使得该领域能够快速地发展。

8.5.3　基于真实数据集进行练习

最后，作为机器学习从业者，通过经常性的练习来精进自己的技能是非常重要的。Kaggle 是一个基于真实数据进行数据科学竞赛的网站。挑战者被分为不同级别，从新手到专家，人人都可以找到适合他们的挑战。Kaggle 提供的数据集种类繁多，包括了从表格数据、图像（计算机视觉问题）到文本（自然语言处理问题）等各类数据形式。

kernels 是 Kaggle 上最有用的功能之一。通过 Kaggle kernels 用户可以分享他们的代码和方法，这样做确保了结果的可复现性。同时，你可以学习你之前不了解的技术。Kaggle 还提供免费云服务用于运行代码，甚至提供了 GPU 的支持。如果你希望检验自己的技术，那么在读过本书之后，Kaggle 是一个很好的选择。

8.6 推荐的机器学习数据集

在本书，我们使用了 Python 和 Keras。除此之外，还有一些很有用的机器学习工具，具体如下。

- Jupyter Notebook: Jupyter Notebook 是一个交互式的笔记本，我们通常在机器学习项目的初期使用它。它的优势在于可以迭代地编写可交互的代码。和.py 文件不同的是，它以代码块的方式执行，且输出结果可以内联显示（例如图表）。

- Google Colab: Google Colab 是一个免费的云平台。通过它我们可以在云端运行 Jupyter Notebook。所有的改动均可以自动同步，整个团队可以在同一个笔记本上协作。Google Colab 最大的优势在于你可以利用谷歌提供的云端 GPU 实例运行代码。这意味着你可以在世界的任何角落训练深度神经网络，即使你没有一块属于自己的 GPU。

8.7 总结

在本章，我们快速总结了各种神经网络以及本书涉及的重要概念。随后，我们介绍了神经网络领域最新的进展，包括生成对抗网络和深度强化学习。此外，即使目前看来神经网络具有无穷的潜力，我们也需要明白它的局限性。随后，我们探讨了机器学习和人工智能的未来。机器学习领域在不断发展，因此我们为你提供了一些有用的建议，帮助你紧跟整个领域的进展。

最后，我通过一个问题来结束本书——你希望创建一个什么样的神经网络项目呢？我们生活在一个科技发展的年代，可以自由地获取很多数据。不论你现在水平如何，不论你是经验丰富的专家还是这个领域的初学者，你都可以找到帮助你成功的资源。我希望你能保持好奇心以及对知识的渴望。这个领域大多数的发现源于像你我这样的人的好奇心。我们每个人都可以做出自己的贡献。你希望怎么做呢？